パリ エコと減災の街

竹原あき子 著

目次

パリ・エコと減災の街

1 はじめに――惨敗の五十年 9

「憎しみ」の公団住宅・10／遅すぎたミキシテ――テロを育てた公団住宅・12／天国から地獄へ・15／階級差は水平と垂直・19／過去に戻るかミキシテ・ソシアル・20／「モダニズム建築は死んだ」・22

2 パリエコ政策：前ドラノエ市長 25

市長不在のパリ・26／ドラノエ市長・27

3 パリの坪庭 31

隙間緑化は絆か？・32／デジタル樹木・40

4 エコから減災のデザイン 43

エコと福祉と観光のパリプラージュ・44／セノグラフィー・48／貧しい子供に・50／協力企業、サポーター・54／パリプラージュはリサイクルで・56／すべてタ

ダ、これが人気の原点。・58／仮設、可逆であること（réversibilité）・59

5 ベルジュ・ド・セーヌ（Berge de Seine） 63

すべては可逆だ（réversibilité、元に戻す）・64／二十四時間以内に解体移動の橋・66／水位八メートルに耐える浮き庭・72／パリの広場のベルジュ・ド・セーヌ・78

6 ショブレは語る 83

増水を迎え撃つ減災都市計画・84／困ったことはいくつもありました・86／福島に提案する・94／愛される街の条件は？・95

7 ユースホステルが発電所 97

パリ・イヴ・ロベール（Yves Robert）・98／エキナカじゃないユースホステル・100／記憶を消さない・104／省エネと水と庭・105／カフェ、レ・プチット・グット「雫」（Les petites gouttes）・108／ZAC計画・112／ZACパジョール・113

8 パリの子供公園は大人目線で　115

合い言葉は「外で遊ぼう」・116／管理はパリ市職員・117／安全は一歩さがった入り口の柵・118／見張りベンチと保護者・122／ふわふわ地面と年齢指定・123／環境に負担をかけない・124／公園にエコラベル・126／「分かち合いの庭」ブランマントー公園・128／隠れ公園・130／美術館に「野菜庭園、ポタジェー」・132／庭祭り（Fête des Jardins）・136

9 野生の側に立つ　139

人間の実寸から・140／「緑」は「自然」ではない・141／三層重ね、三スタイル住宅・143／柔らかいダウンコートのアパート・146／パリではじめて、空に緑を描く・148／竹の公団住宅・151／「成長する家」森になる集合住宅・154／高価なチタンを使って・155／パリの長屋（エデン・ビオ）・157／ペーパー建築家だった・168／バリエール・フーケ・ホテル：一九世紀を二一世紀に翻訳・169／高さは皆のため、太陽は皆のグリーン・クラウド・172

10 世界遺産パドカレ炭鉱盆地 175

ルーブル美術館別館：炭鉱の竪坑・176／炭鉱盆地を遺跡に・179／快適が炭鉱住宅の戦略・180／フランス風ぼた山緑化・182／自然が工業都市をむしばむ、逆転の発想・186

11 廃墟から名所へ「プール美術館」 189

「ラ・ピシーヌ（La Piscine）」・190／水がテーマ・192／テキスタイル産業遺産・196

あとがき 200

1

はじめに——惨敗の五十年

「憎しみ」の公団住宅

五〇階の屋上から落下しながら「ここまではよかった、ここまではよかった。落ちるってことが問題じゃない。問題はどうやって着地するかだ」と、若者が自分の心をふるいたたせようとライム（ラップの言葉で韻をふむ）のようにつぶやくシーンではじまる映画「憎しみ」（La Haine. 一九九五年公開）の撮影は、パリ近郊のボビニ地区にあるオベルボア団地だった。三人の移民二世の青年が警察とぶつかり、壮絶な最後を迎えるストーリーは、モノクローム画像の切れ味の良さもさることながら、団地に住む移民青年が、自らの将来が見えず差別に苦しむ状況を真っ正面から描いた作品だった。

一九六〇年代から八〇年代までのフランスは輝いていた。少なくとも建築を学ぶ学生にとって、やりがいのある課題満載の年月だった。一九七一年に開校した「環境研究院」（L'institut de l'Environnement）という不思議な名前の大学院大学に在籍していた友人達の多くは、あと数カ月でアルジェリア戦線に送られるところだった、と首をすくめた（フランスの徴兵制廃止は二〇〇一年、一九九七年から漸次兵役が軽くなった）。

アルジェリアが独立した一九六二年には彼らの多くがまだ徴兵で軍隊に席をおいていた（兵役のがれの手段はあった）。しかも一九六八年の学生運動の戦士達がこぞって登録した研究院だったから、どちらか、といわなくてもほとんど左翼の学生集団だった。議論はマルクス、レーニンそして毛沢東。当然、フランスの社会問題として貧しい移民のコミュニティーをいかにつくるべきかもテーマだった。社会学的に、統計学的に、心理学的に、そして環境、景観、建築を総合して暮らしのあり方を、提案しようという壮大なテーマと格闘した。

というのは「環境研究院」の目的はこれまでの大学制度とちがい、専門分野を横断する研究体制を理想とし、人間の暮らしを総合的に学ぼうというものだったからだ。

理想は高かったが、学生はみな勤勉ではなかったから、議論と理想の提案に終わった。授業は午後だけ、午前中は働きなさい、それでも生活ができるように労働者の最低賃金の半分を奨学金で、という天国にも近い教育機関だった。勤勉とはほど遠い若い研究者の集団だったが、この研究院から後にフランスの建築界を牽引する人物が誕生したことを見れば、それなりの成果はあった。なにしろ、ドイツのウルム造形大学があまりにも進歩的、という理由で予算が削減された時、フランスのドゴール政権をささえた文化大臣アンドレ・マルローが、フランスに招待した研究院だったのだ。打ち合わせにウルムの教員数名がパリに到着したのは六八年の学生運動のまっただ中だった。催涙ガスに迎えられた教員達は、とりあえず開校をあきらめざるをえなかった。だが退職を目の前にした建築家数名がマルローの願いを聞き入れこの研究院を創立した。ウルムという名前ではなく「環境研究院」という簡潔で一九七〇年代を象徴する名前で。

時代は、第二次世界大戦後の復興建築ラッシュだった。ポンピドー文化センターにはじまる文化施設（ルーブルのガラスのピラミッド、オルセー美術館、ラ・ヴィレット科学館、アラブ研究所、バスティーユオペラ座、ラ・デファンスの凱旋門、フランス国立図書館などのミッテラン・グランプロジェ）の建設ラッシュは、パリのセーヌ川沿いの風景を変えた国家の威信をかけた建造物となったが、同時にパリ市の周縁では労働者、移民のための住宅建築も佳境に入っていた。

一九五〇年ころから不足しはじめた労働者向け住宅、そして六〇年代後半のアルジェリアから帰還したフランス人一〇〇万人のための住宅建設ラッシュ。そのうえアルジェリア、モロッコ、チュニジアというマグレブ諸国から土木建築現場と国営工場のために受け入れた移民労働者のための住宅建設ラッシュが重なった。フランスは、一方で文化のための、もう一方で住宅の建設、と箱ものの建築がピークを迎えていた。文化のための建造物はそれなりの成功をおさめたかにみえるが、住宅政策でフランスは次第に窮地に追い込まれてゆく。

遅すぎたミキシテ——テロを育てた公団住宅

「憎しみ」が描いたフランスの公団住宅が「火薬庫」に例えられたのは、建築家が理想にもえて建設を始めてからたった数年後の一九七四年だった。団地を描いた小説『パパはビリー・ズ・キックを捕まえられない』で「これからは、もうこういった種類の街が建設されることはないだろう。それは政府が言ったことだ。なぜなら、この計画は失敗だったからだ。郊外のこのクソッタレの団地は……一種のゲットーだ」というセリフからもわかる。とはいえ七〇年代に団地に住んだのは、あまり豊かではないフランス人であり、移民の数はそれほどでもなかった。だが一九七〇年代に「クソッタレ団地」から比較的安定した収入のあるフランス人が去り、一九八〇年代からは移民が増え、暴力が頻発し、二〇一四年にはテロの温床となった。まさに予言通り「火薬庫」から火がふいた。

貧しい移民一世は自らすすんでフランスに移住した。故郷の文化を知り彼らには確かなアイデンティティーがあった。移民以前よりも安定した生活を実感し、なにかあれば帰る故郷があった。だがフランスで生まれた二世、三世は両親と同じ文化を共有できない。フランス国籍を持つフランス人でありながら、移民二世、三世というだけで、名前だけでフランス人との差別があることを実感する。就職は困難で、未来に希望がもてず、暴力と麻薬に、そしてその隙を狙ったイスラム過激派からのリクルートにあう。貧しさだけが集まっているのが原因、と政府は判断した。

だから郊外の団地で暴力事件が頻繁に起き、「火薬庫」が爆発する度に、フランス政府は金持ちと貧しい人がゴチャマゼに住めば事件は減るだろう、とある方針を編み出した。それをミキシテ・ソシアル（MIXTE SOCIAL）という言葉で語りはじめたのは十年ほど前だった。もう放っておけない、とギリギリの決断だったが遅すぎた。

二〇一五年十一月、パリのサッカー競技場からはじまった連続テロとテロリストを追いつめたパリ市の北に接する郊外都市サン・ドニは、低所得層のための住宅、公団住宅が沢山ある地域の典型だ。サンドニでは自動車や金属機械工場で働く労働者のための住宅建設が一九三〇年代にはじまり、一九七〇年代になって廃業した工場跡地などに巨大な公団住宅が生まれ、一挙に数千人の人々が住みはじめ、またたく間にスラム化した。

サン・ドニより北西、ボビニ地区（Bobigny）のオベルボア（L'Abreuvoir ）の公団住宅はフランスを代表する建築家エミール・アイヨーの設計で、第一期工事が始まる前からメディア、建築雑誌はもちろん一般紙でさえ特集号を組んだ。一九五四年発行の日刊紙『オーロール』（L'Aurore）のタイトルは「八〇〇本の樹木に四五〇戸、これがボビニの庭園」と謳った。一九五四年五月に工事が始まり、完成は一九六二年だった。商店、郵便局、集会場などが次々と完備した。完成と同時に公団住宅は大成功と評価され、ジャーナリズムはいままでにない「モダンながら人間的」、「二〇〇〇年の街」、「子供が幸せになるためのウルトラ・モダン」な街とほめそやした。建築の新たな幕を開けるはずの期待に満ちた団地だった。

ところが生涯でフランス全土に一万五〇〇〇戸もの公営住宅を設計したエミール・アイヨーが、パリ近郊ではじめて手がけた、このオベルボア街（cité de l'Abreuvoir）公団住宅は、映画「憎しみ」（La Haine）の舞台となる。

天国から地獄へ

もう一つの壮大な失敗例は、パリの南二五キロほどの所にある公団住宅ラ・グランド・ボルヌ（工事一九六七～一九七二）だ。ここもまたヒューマニティーを命題にエミール・アイヨーが設計した。三六八五戸（人口一万三〇〇〇）もある巨大団地だ（一七頁写真）。

「人間関係の広がりと文化的な町」造りを目標に、「太陽、開けっ放しの空に向かった緑地、広場、起伏、行き止まり、などがあって遊びや近所つき合いが人間的な尺度で浸透できるほどの規模で」との理想を掲げ、そのための計画用地は九〇ヘクタールに及んだ。低層、高層、円弧を多様した棟のレイアウト、棟ごとに異なる壁の色、彫刻、遊園地、学校、商店、そして建物の壁にはランボーや動物のモザイク肖像、小さな広場、保育園、学校、病院、郵便局など、他の郊外団地のどれにもない楽しげな団地でもあった。

居住面積は最少で二部屋と台所（五二・三平方メートル）から六部屋と台所（一〇九・二五平方メートル）まで、六種類。そして戸建てまであったから、日本の公団住宅の最小のC51と呼ばれる四人世帯2DK、三五平方メートルよりはるかに広い。

だが一九七一年に完成してすぐの一九七四年には、グランドボルヌは「火薬庫」になるだろうと予測されていた。七〇年代に公団住宅に入居したのは、ある程度収入がある白人給与所得者が多かった。というのはパリ市内の民間賃貸住宅には、まだ清潔な浴室、各戸にシャワーやトイレ、集中暖房など、快適で近代的な設備はなかったから、新たな公団住宅で生まれてはじめてのシャワーや風呂を味わった人々が多かったのだ。

ところが、その所得層があっというまに公団を去り、かわりに入居したのが地中海沿岸、アジア、アフリカなど旧フランス植民地からの移民だった。貧困層だけが、出身地が同じ民族同士で集団をつくり、団地からでることも出来なかった。それが問題の発端だった、という。

時とともに、長方形の箱が規則的で幾何学的に並んだ団地も、三角でベランダが坪庭になる団地も、円弧が連続するプランの団地も、例外なく建築家の夢を打ち砕いていった。団地の荒廃は「隔離政策の被害者だった」と言われたが、なかでも最大規模のラ・グランド・ボルヌはフランスの街の中では市民の三五%が平均年齢二十五歳以下という若い人口があふれる町だが、四人に一人は失業中。一週間に五〇〇キロの大麻が取引され、盗み、ひったくり、暴力事件、車への放火などは日常。バスの運転手でさえこの団地は走りたくないというほど「天国から地獄へ」落ちた団地だ。

団地だけではない、パリの周縁に建った低家賃の住宅地帯は、ほとんど暴力がはびこる地帯へと変貌した。貧しい移民しか住まなくなったからだ。

写真　公団住宅グランド・ボルヌ 1973 年

七〇年代のフランスの若い建築家の多くは、一九世紀半ばから炭鉱地帯や大工場の近くに建設された労働者のための、壁を並べたような団地に反対し、またル・コルビュジエを代表とするアテネ憲章[注1]を否定した。都市を機能で区分するのに反対したからだ。しかも住宅のレイアウトが結局それまでのブルジョワの間取りと変わらないことも批判の的だった。つまりアテネ憲章には都市と住宅に新しい暮らし方の提案がない、というのだ。

だからエミール・アイヨーは画一的なアパートが、幾何学的に一列に立ち並ぶのではなく、円弧を多用した計画を提案した。それまで誰一人として計画したことのない、レイアウトだった。しかも芸術家との共同作業で外装のタイルで文様をつくり、公園に彫刻遊具などをふんだんに配した。「子供が幸せになるためのウルトラ・モダン」な街になるはずだった。

だが、誕生と同時に住民は牙をむいた。二〇一五年一月、新聞社シャルリー・エブドでのテロに付随して起こった、ユダヤ教徒のための商店襲撃事件の犯人の一人は、ラ・グランド・ボルヌで生まれ育った人であった。この団地では同年十一月の連続テロの犯人捜査もあった。

貧しさが、団地をゲットーにしたことは確かだ。だが建築案に、居住人数、住居デザインの多様さ、賃貸と分譲の混在、多様な家賃の住居などが配慮されていたら、環境は現状とはちがっていただろう。規格部品で同じものを安く量産でき、都心とはあまりにも離れた土地で、住民の安心を約束する住居はできなかったのだ。

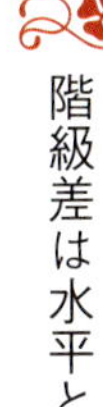

階級差は水平と垂直

かつて、都市住民の貧富は上から下へ、垂直の関係にあった。つまり、アパートの地上階に住むのは商店と管理人。一、二階がオーナー（資本家）、三、四階は賃借家族、五、六階はアパートの使用人（お手伝いさん）だった。だから貧しい五、六階の住人と金持ちオーナー階級は顔みしりで、互いにどんな暮らしをしているのかが見えていた。といってもアパートは貧しい階級と金持ち階級が階段ですれちがわないように、正面の立派で広めの階段は金持階級が使い、裏側にある細くて暗い階段は貧しい者が使うというように、階段が二つあった。それでも異なる階級がどんな暮らしをしているかが互いに見える関係だった。だから貧富の差はめにみえていたが、貧富の対立という形での騒動はなかった。もちろん一つのアパートの住民が数十名程度だからだ。

ところが、この貧富の上下関係は一九五〇年ころから水平方向に移った。都市の中心に金持ちが住み、労働階級、使用人階級は、ときにはパリから列車で三十分から一時間ほどの距離にある郊外の団地住まいに、と変化した。金持ちのオーナーが家賃を上げ、使用人あるいは労働者が、金持ちと同じアパートに住めなくなり、五、六階は改装され中程度の階級への賃貸の部屋に変化していった。つまり結果的に履歴書に住所を記入すれば階級がわかる、という構造が生まれた。

過去に戻るかミキシテ・ソシアル

貧しい人とそうではない人が一緒のアパートに住めば暴動もテロも減るだろう、という目標をたててミキシテ・ソシアル政策が立ち上がった。政府はアパートあるいは宅地開発計画が申請される度に、低価格賃貸アパート建設を地方自治体と民間業者に義務づけてきた。

例えば、二〇三〇年までに一二戸以上、あるいは床面積八〇〇平方メートル以上の集合住宅建設には、少なくとも三〇%は低家賃の住宅がなければならない、という法律を二〇一三年に提案した。ところが、地方自治体が自ら計画する住宅建設以外の、民間業者の計画は、この法律に従うことはほとんどなく、違反金を支払っても低家賃住宅を建てようとはしなかった。金持ちの階級は貧乏な階級と同じアパートに住みたがらないのがわかっていたからだ。高額なアパートだけを建てたほうが売りやすく、不動産価格が下がらず、問題が少なく、儲かる、という単純な理由からだ。ミキシテ・ソシアルは、貧しい人口が社会不安につながることを恐れたフランス政府が打ち出した都市の再生と連帯を意図したものであった。しかしその意図は裏切られ、法律に違反している三六もの自治体名を公表したほど、政府は困惑した。

二〇一四年までに違反をものともしない自治体の数は、一年で三倍から五倍になったほど、この法律は都市住宅開発業界にとって不評だった。そこで政府は法律を微妙に変更した。一二戸という数が規制だとすれば、業界は一一戸の高級なアパートを建設した。広大な敷地だったら、複数の一一戸建てのアパートを建てれば貧しい人口のための住宅を造らなくてもいい。そんな業界の振る舞いに対抗して、最新の規則は総床面積の三〇%を公営あるいは低家賃住宅にすべし、となった。どうやら、この面積規制は戸数より有効に働いているようだ。

といってもパリだけは例外的に公営住宅の建築が盛んだ。市長がドラノエという社会党員だったこともあるが、二〇一五年までにすでに公営住宅は総戸数の二〇%になった。二〇三〇年には三〇%になる、とパリ市は意欲を見せる。

いま話題はシャンゼリゼという観光名所から五〇〇メートルの一等地、サントノレ通りに公営住宅が一七戸生まれたことだ。しかも、ほかにもパレロワイヤルとヴァンドーム広場近くの歴史ある建物を改修して低家賃の市営住宅が生まれた。もちろん金持ちのアパートと公営アパートが上下関係にあるわけではない。パリ市がこの土地建物を民間企業に売れば、莫大な収入になるのは誰の目にもあきらかだった。だが、そんな収入よりパリの一等地に恵まれなかった家族を迎え入れることを最優先したのは、「ミキシテ・ソシアル」に都市運営の光明を見いだしたかったからだ。

「モダニズム建築は死んだ」

「一九七二年七月十五日午後三時三二分、アメリカのセントルイスでモダニズム建築は死んだ」と宣言したのは、チャールズ・ジェンクスであった。その著書『ポスト・モダニズムの建築言語』（一九七七年）の冒頭で、ミノル・ヤマサキが一九五〇年に設計したアメリカ、ミズーリー州のプルーイット・アイゴー団地の三三棟二八七〇戸が爆破されたことを劇的に紹介する文章だ。団地はスラム化し、犯罪の温床となり、建物は荒廃し、修理は無駄に終わり、建設からたった二十年で、ダイナマイトで破壊された。ジェンクスは、失敗の原因を高層アパートはCIAM[注1]の理念にもとづき建設され、「居住者の建築コードと一致しない純粋主義者の言語によってデザインされたこと」が悪かったから、と書いている。

モダニズムが死んだ一九七二年と同じ時に、その失敗を批判しながら生まれたはずのラ・グランド・ボルヌ団地も、アメリカのプルーイット・アイゴー団地と同じようにゲットーになった。モダニズムの建築もポスト・モダニズムの建築も、貧しい居住者を団地のデザインで救えなかった。機能的であってもバラエティーに富んだ外観であっても、チャールズ・ジェンクスが言う居住者の建築コードでできていなかったのだ。とはいえ、貧しい者の建築コードとは何か、を問い直す必要がある。だれもがブルジョワの建築コードを夢みていることは確かだからだ。

労働者の集合住宅は、産業革命と同時にフランス北部の炭鉱地帯、鉄鋼業の東北部に数多く建設された。中には数千名を超える街もあるほどだった。職住近接させ、技術のある労働者を受け入れるために、企業主が建設したものだ。質素だが、エリートのためには庭がある戸建てもあるほどだった。社会主義者のサンシモンに影響されていた当時の産業界は、こぞって労働者の住宅をより良く見せる工夫をした。しかもフランス人だけではなく、多くの移民も労働者として、同じ民族同士が集団で住んだ。ゾラの小説が描いた激しい労働運動はあった。だが敵とは誰かがわかる職をめぐる暴力であり、二〇一五年のパリ連続テロのような暴力とは質を異にする。

職場があり、収入が約束され、ある意味で雇い主との共同体だったかつての団地では、二一世紀のような移民の若者の反乱はなかった。団地計画や建築自身に問題があったわけではない。心地よい建築空間だけがあればいいということでもなかった。高齢化、少子化、老朽化だけが問題の、日本の公団住宅では想像もつかない闇がフランスの公団住宅にある。

注1　アテネ憲章（The Athens Charter）　コルビュジエが一九三三年のCIAM（近代建築国際会議）で近代都市の機能には住居・労働・余暇・交通の4つがあり、都市は「太陽・緑・空間」をもつべき、という建築と都市の理念。その影響で仕事は都心で、住いは郊外、という近代都市を生んだが一九五〇年代に批判が起こった。

2

パリエコ政策：前ドラノエ市長

市長不在のパリ

フランス革命後、パリ市には一二人の市長が誕生しただけだった。初代バイイはバスティーユ牢獄が襲撃され、革命の火蓋が落とされたそのパリで初の市長に選出された。しかし革命は躍進を続け、ついには恐怖政治（テルール）と呼ばれるまでに発展して、一七九三年に反革命分子として処刑されてしまった。

一七九四年七月にロベスピエールが失脚し、フランスの中心であったパリの機能はバラス将軍など反ロベスピエール政権に渡った。以降ナポレオンの台頭、ブルボン王家・オルレアン家の王朝と政権が交替する混乱の半世紀は、市長が選出されることはなかった。

オルレアン家の国王ルイ・フィリップが一八四八年の二月革命で退位すると、第二共和制政府のもとで、四人の市長が誕生した。一八五二年に第二共和制が崩壊すると、フランス革命後のパリは動乱がつづき、一八七一年から一九七七年まで百六年間も、パリには市長がいなかった。動乱も理由の一つだが、一四世紀の実質的なパリ市長エチエンヌ・マルセル（商人組合長）が国王と対立するほどの資金と権力をもっていたために、国王が恐れてあえて市長をおかなかった、とも言われている。

一九七七年の選挙で最初のパリ市長に当選したのはジャック・シラク。彼は大統領になるまでの十八年間も首相と市長を兼任した。美術館などの箱もの、大規模商業施設の開発、移民の市内居住の制限、市の中心からのホームレスの追放など、パリ市の開発といわゆる浄化は進んだが、快適なパリ生活という平凡な住民の願いが叶えられたわけではない。

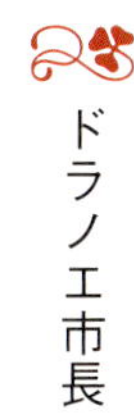

ドラノエ市長

二〇〇一年にドラノエ市長が生まれ，大規模再開発から環境重視にと舵を切り，パリ市の表情がかわりはじめた。社会党でも異端といわれるほどの平和主義、環境保護主義をかかげた。だから自動車の交通規制，バス優先路線、自転車走行レーンの整備、レンタル自転車と自動車の整備、トラムの開通、緑地化、公園整備などがドラノエ時代の市内に見える業績の一部だ。スポーツと文化にも目を配る。パリ市立美術館、博物館の常設展を無料にしたのもドラノエだった。それまでのシラクの行政を批判しつつ、観光の花の都パリが、住民に優しいパリに、と変貌をとげた。

例えばバスがいつくるかわからない、という日々のイライラが消えたのだ。想像さえしなかった快適な交通機関をつくりあげたのは、バスとタクシー専用路線の設置だった。反対は多かったが、路上駐車を厳しく取り締まり、ダイヤ通りにやってくるバスへの信頼は増した。車椅子で乗り降りできるステップつきバス、音声でバス接近を知らせる装置、バス停などの障害者への配慮が適切になった。

といっても批判は激しかった。ドラノエは、フランスで最初に同性愛者であることを、テレビ番組でカミングアウトした政治家だったから、リベラルなフランスでさえ選挙戦では非難の標的だった。だがチュニジアに生まれ、子供のころに味わった民族差別をバネにして政治家の道を歩んできた彼の政策は具体的で説得力があった。自叙伝『リベルテに生きる』で語る市民のための政策は、パリ市はもちろん世界への提言にあふれる。

住宅政策について次のように語る。「かつての都市では住む所と職場は近かった。産業革命で経済活動の場と住むという場が離れ，車での通勤が始まり、空気は汚染され市民は健康を害した。だから排気ガスのない公共交通トラムを。なお職住接近は理想だから、労働者が都市の中心で暮らす権利を取り戻そう。一九八〇年代にオフィス転用で土地価格が上がった間違いを正そう。パリにあった中央市場を取り壊したのは地元の人々にも市民全体にとっても残念な結果しか残さなかった。市場を市内に取り戻そう。そうすれば一八世紀の日常のように買い物に車がいらなくなる。オーガニックな食品の販売も推進しよう。小売店，職人のアトリエを市内に戻そう」などなど。パリのマルシェ（市場）は住民が市に願い出れば許可がでる。週一回だけあっという間に現れて消えるにぎわいが，市民の憩いの場であることはたしかだ。

緑化と小さな公園整備、市民の憩いの場の再生も目に見えるドラノエの政策だった（写真）。

写真　パリの坪庭、どこでも庭

最も成功したのはパリプラージュ（4章・パリ砂浜）だ。これはアンヌ・シルビー・シュナイデールの組織力で、チームを結成し、二〇〇三年には三〇〇万人が訪れた。貧しい家庭の子供と観光客がバカンスをすごす施設となり、世界中にこの試みが波及したほどだった。成功の要はドラノエの戦略、非営利団体とパートナーシップを築くことだった。

ドラノエは自伝で「パリにいれば、私は他の全ての人の文化を愛さざるを得ない。なぜなら誰もが，世界中の誰もが、自分自身のうちにパリの何かを感じるからだ」と語る。フランスを代表する文化人でもあるパリ市長。移民との文化共存を推進する必要を強調するのは、自身がチュニジア生まれの移民だからでもあるが、いま、その移民と市民との共存が危ぶまれているからでもある。

3 パリの坪庭

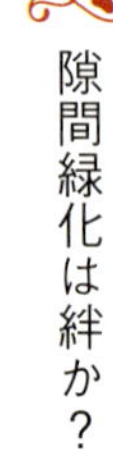

隙間緑化は絆か？

パリはヨーロッパで一番緑の多い街だ。ここ一世紀のあいだ景観デザインの専門家（ペイザジスト）が建築家と同等の力をもち、歴史都市を守る都市計画に沿って緑化も建物の開発と同時に計画し，それが街並の品格を守るという努力が実ったからだ。

緑化、緑地、公園、といえば都市化と同時に生まれたように思いがちだが、フランスの緑地や公園は一九世紀にできた概念だった。というのは、産業革命が都市緑化の原点だったからだ。イギリスの産業革命を一七三〇年代のジョン・ケイの飛び杼（ひ）の発明が発端とすれば、フランスの産業革命のはじまりは、それから一世紀も遅れた一八三〇年のこと。工場はパリの中心から離れた所にでき、その工場に通勤する労働者の住まいは工場からほど遠くない土地に工場主がつくった。中には工場と隣接して住宅をつくることもあったが、その職場と住宅の間を行き来する労働者の健康に配慮し、快適に通勤できるように、福祉の一貫として工場主が設置した緑がフランスでの緑地や公園のはじまりだった。もちろん、工場主の富を市民に見せびらかす効果は抜群だった。また、都市内部の邸宅にも緑の濃い中庭があったが、屋敷の住人のためであって、公共のためではなかった。

日本には江戸時代より前から市民の遊びと楽しみの場として、神社仏閣の境内には緑があ

写真１　パリの坪庭、どこでも庭

り公園としての役割を果たしていたのとはおおいに違う。境内には屋台があり、時には掛け小屋がかかって芝居などの催し物があったりして、娯楽と緑は共存していた。
二〇世紀初頭のコルビュジエなどの運動は「都市は、太陽・緑・空間をもつべき」という機能主義的な「アテネ憲章」の思想を芽生えさせ、二〇〇〇年以降に都市の緑化はエコロジ

写真２　パリの坪庭

ー、環境思想に基づく空間設計に変化する。二一世紀を迎えた緑は、さらに人間と自然とのかかわり、あるいは隣人との社会的な関わりの絆としての機能を模索しはじめた。二〇〇一年に就任したドラノエ市長によるパリ市緑化計画の一部が、この隣人との絆としての緑化、つまり市民が参加して作る緑という考えを全面に押し出した。

「家の近くの緑って?」と二〇一四年七月、パリ市は市民に呼びかけた。道に置く設備、壁、建物の屋根や建物の隙間など、家の近くにあって誰も気がつかないような、ちょっとした隙間を緑化する企画二〇〇カ所を公募した。九月のパリ市の公募サイトに三九七五件の問い合わせがあり、応募は一五〇〇だった。市民の緑化願望は強かった、といえるだろう。

パリ市が要求した緑化の条件は:

(1) 技術的な可能性
(2) 二〇区のなかでの優先順位(緑化が必要な地域かどうか)
(3) 地域の公平性
(4) 土地の広さと住民数
(5) すでにある緑地の面積
(6) 住民参加の熱意とパリ市支援とのバランス

だった。

パリの二〇区でそれぞれ審査があり、二〇一五年二月に二〇九カ所を選び、緑化が決まっ

写真３　パリの坪庭

た。具体的には、植樹、木の根元に植栽、壁の緑化、平地に植栽、鉢などを置くことになった（写真1、2、3）。パリ市は公園や森でなくても身近に緑がひろがり、都市の内部の緑化とは何かを市民に知らせ、生物の多様性を体験してもらうためでもあった。

だが、緑化にはもう一つの任務があった。それは、植物の世話をきっかけに‥

(1)　隣同士が手をつなぐ
(2)　励まし合って一緒に生きる
(3)　環境へ寄与する
(4)　社会貢献しよう

というものであった。

写真４　公園、仲間で運営

「家の近くの緑って?」は、これまでになかった企画だった。隙間緑化といってもいいこの企画は、新しい都市機能の一つとして成長しつつある。野菜を共同で栽培するパリ市街にある公園の小さな畑もそうだが、疎遠になりがちな都市の市民を、かつての隣近所のような助け合いの組織にしよう(写真4)、という試みだ。こんな所に花が、車が交錯する三角地帯にも花が、などと思いがけない場所に植栽が始まり、手伝わなかった住民でさえ緑に心を奪われる。わずかな緑化でも景色が見違えるほど美しくなるからだ。

かつては日本にも、町家の前にそれぞれが育てた鉢を置いて自慢しあったり、夏には朝顔を咲かせ季節を楽しむなど、さまざまな植栽をとおして隣人との付き合いがあった。形を変えてこのパリという大都市で、市の行政の一貫としてこうした緑化を通じて隣近所が手をつなぐ活動があちこちで始まった、と言ってもいいだろう。パリのアパートのベランダに緑を置くのは個人のためだったが、それが地上の路面に侵入し、役所ではなく、近隣が互いに手入れする緑になりはじめたのだ。ささやかだが、こんな試みが市民と路地を磨く。

デジタル樹木

パリ市の緑を守るのは「パリ市樹木と森のサービス課」。緑の守護神は、パリ郊外のランジスに四五ヘクタール、アシェールに二〇ヘクタールの土地をもち、さまざまな植物を育成している。そのうち三〇ヘクタールが樹木のためだ。

この守護神は二〇一四年からパリの樹木すべての健康状態を市民に知らせるサイトを公開した。パリ市が管理する樹木一本一本にＩＤカードを埋め込んだ。直径三・五ミリ長さ三センチのデータチップだ。ここに生い立ち、病歴、現在の健康状態などのデータが蓄積され、職員が定期的に樹木の前で、タブレットを使って、いつ何をすべきかを調査する。すでに一〇万個のチップが樹皮に埋めてある。

ドラノエ市長就任と同時にネット上に公開された市民用の地図データ（Carte des arbres des rues）には、地区ごとに丸い緑の中に樹木の本数が数字で現れ、その数字をクリックすると、さらに細かい土地割りでの数が表示され、もう一度クリックすると樹木のピクトグラム（絵文字）が現れる。そのピクトグラムを再度クリックすると一本ずつ樹木のデータ（場所、植樹年、樹木の名称、高さなど）が現れるというデザインだ。パリで一番古い木や並木がわかり、植樹一七〇〇年一月から二〇〇〇年代へと三百年のあいだ絶え間なく植樹が続いてきたことがわかる驚きの地図でもある。この樹木情報だけでパリ市の歴史さえ想像できる。一七〇〇年の植樹の横に一九〇〇年に植えた樹があれば、二百年たって何本かの木が伐採され再度植樹されていた、というように。

二〇二〇年までの緑化計画は次の通り。
(1)　公園さらに三〇ヘクタール

(2) 二万本の植樹
(3) 「家の近くの緑」を住民と共同で二〇〇カ所実現
(4) 学校で、教育牧場、野菜庭園の拡大
(5) 壁と屋根に菜園を一〇〇ヘクタール。その三分の一は都市の農業に

屋根と壁の緑化計画は以下のようになっている。

(1) 市営の新築建物だったら壁あるいは屋根の緑化を二〇ヘクタール
(2) 学校、保育園、スポーツ施設、図書館の少なくとも三〇〇施設にも屋根と壁の緑化
(3) 公共の広場に面している壁の緑化

パリ市の緑化に商店が積極的に参加する姿も頼もしい。店舗あるいは、その地域すべての商店の参加で見事な界隈が日々生まれ変わっている。市当局に路面使用の許可と、面積に応じた支払いはあるものの、鉢に植えた樹木で囲った店舗は店の魅力でありながら、地域の美しさにも寄与する。

かつてのブルジョワ、金持ち階級が独占してきた緑を、市という公の機関が市民の「絆」として積極的に利用するのは、美しい街でありたいという願い以上に、市民の貧富の差が社会不安を増大させてきた現実に対処するためでもある。貧富の差を超える植物栽培の喜びが生まれるかどうかはわからないが、行政ができる社会不安解消の一つであることは、確かだ。

4

エコから減災のデザイン

エコと福祉と観光のパリプラージュ

ジャン・クリストフ・ショブレ（Christophe Choblet）という不思議なセノグラフ（scénographe. 四六〜四八頁参照）がいる。彼こそパリの夏の風物詩となったパリプラージュを想像し、実現した男だ。参加するのはパリ市民だけではない。七月、八月、夏のパリを訪れる観光客も名品の並ぶ美術館の次にパリプラージュをのぞくほどだ。場所はセーヌの右岸の河川敷、総延長二・三キロメートル、面積四・五ヘクタールもある。

きっかけは二〇〇一年、ドラノエは市長当選直後に、大気汚染を減らそうとして個人が利用する自動車の交通量を減らそうとした。新しいトラムT3を市内に導入し、バス専用路線、レンタル自転車、自転車専用路線、レンタル電気自動車、などなど次々とエコ対策を実現した。

三期、十二年の市政でドラノエの環境政策には目を見張る。バスとタクシーだけが利用できる専用路面の導入の際におこった、多くの市民の抗議を正面からうけとめ、後退することはなかった。一般市民の福祉を旗印に掲げた見事な行政の長だった。

それだけではなかった。一九六〇年代にセーヌ河川敷につくった高速道路も二〇〇二年に問題解決の切り口の一つとした。一挙に通行禁止にするわけにはいかない。だからせめてバ

写真１　パリプラージュ　シテ島を見ながら

カンスで市民が少なくなり、交通量も比較的すくなく、反対者もすくない七月と八月のバカンス期間だけの通行禁止を計画した。
その政策のために駆けつけたのがジャン・クリストフ・ショブレ。日本ではなじみがない職能だが、彼をセノグラフと呼ぶ。ショブレが提案した企画が「パリプラージュ」だった。つまり「パリの砂浜」。セーヌ河川敷をカンヌのような地中海沿岸でのバカンスの浜にしようというものだった。
だれ一人としてセーヌ河川敷を砂浜にするなんて考えもしなかった。選んだ砂浜の候補地は目の前にノートルダム寺院、サンルイ島、裏側にパリ市庁舎、そして近くにルーブル美術館がある、という観光のメッカ（写真1）。
パリの名所に囲まれた砂浜で日光浴などという贅沢きわまりない奇想天外なこのアイディアを見たドラノエ前市長は、すぐさま承諾した、という。「ドラノエ市長は、全てまかせましょう、と即座に私の企画を許可したよ」とショブレは十二年たってもその日の感激を思い出す（写真2）。

写真２　パリプラージュ　南国風景

セノグラフィー

セノグラフィーといえば日本では舞台美術のことをさすが、もっと広く場面や光景（セノ）を記号、言葉、図形で記述する（グラフィ）ことをセノグラフィーといい、その専門職をセノグラフと呼ぶ。ジャン・クリストフ・ショブレは、まぎれもないパリプラージュのセノグラフだ。つまりセーヌ川の河川敷をつかってビキニ姿で日光浴をする舞台を提案した。ショブレによれば、市民が舞台の主役だから、彼らがパリの真ん中でバカンスを楽しむ役者にならなければパリプラージュは何の意味もない、と言う。といってもショブレのセノグラフの手順は最初に装置や形があるのではない。作家にお願いして物語を書いてもらうことからはじまる。それを現実の空間に、市民がすれ違う場に当てはめ、市民が入り交じるドラマの場を公共の場に置き換えるのが仕事だ。

最初の二〇〇二年に砂浜に置いたのは、布のシートでできた長いベンチ（トランザット）、パラソル、ペタンク（ボール遊び）、ボルダリング（壁昇り）だけだった。だが二カ月で一〇〇万人がおしよせた。市民はセーヌ川の水面を眺めながら砂浜で日光浴、という贅沢を味わったのだ。公園の芝生の上だったらそれまでも日光浴はできた。ところがパリという都市にありえない砂浜、ビーチ（プラージュ）という金持ちのバカンスでしかかなわなかった夢を、

写真３　パリプラージュ 2014 年看板

いやショブレの表現を借りればユートピアをパリ市内で可能にしたのだ（写真3）。だからといって砂浜やパラソルを一年中セーヌ河川敷に置くつもりはない。つかの間の、うつろうモノだから、仮設だから、とり除くことが条件だから、勇気をもってできることがある、と確信しているようだ。だからこそ計画の中心にあるのは情緒であり、機能は特に重きをおく条件ではない、というのがショブレの方針。（写真4）

貧しい子供に

とはいえ、パリプラージュの人気の裏には切羽詰まった現実がある。それは有給休暇がと

写真４　パリプラージュ 2013 年

れない、バカンスに行けない貧しい家庭が多いという現実だ。自治体の援助があってもなお、子どもをバカンスに送り出せない家庭の救済もこの企画に含まれていた。親子でパリの砂浜でバカンス、という福祉政策がパリプラージュの根底にあるといったほうがいい（写真5）。その福祉政策がそのままパリで夏休みを過ごす観光客（約八%）を引きつけた。パリの環境改善をきっかけに実現したパリプラージュの成功は、福祉と観光が一つになったものだ。ドラノエ市長は、最初の年、建設現場をあるきながら記者団に、このアイディアだったら子どもが喜ぶだろう、そうだ子ども達の将来がここにあるかもしれない、とバカンスに行けない家庭への思いを語りつづけている。

ショブレは大工の子として生まれた。アートそして建築を学び、建築事務所に勤めた。チャンスは、二〇〇〇年のハノーバ万博のセノグラフィーをまかされた事務所で働いた時、セノグラフとは何かを学んだことだった。翌年、パリ市役所にプラージュの企画を持ち込むことができたのは、まさにハノーバでの経験があったからだった。ドラノエは無名の、ほとん

写真５　パリプラージュ　レンタル子供自転車

ど経験がないショブレにチャンスを与えた。

協力企業、サポーター

日光浴が楽しみの中心にあるのはまちがいない。とはいえ砂浜のまわりには他にも数えきれない楽しみが待っている。

パリプラージュ予算（約二億円から四億円）の三分の一はパリ市の経費から。だが残りは市側と提携した団体あるいは企業が支出し、パリプラージュにふさわしい行事を直接あるいは間接的に支援する。

例えば初年度二〇〇二年からの最大の貢献はラファージュ（LAFARGE）というセメントと土木の会社だ。五〇〇〇トンの砂を一七五キロの距離を二日かけてセーヌ川を遡りながら船で運び、河川に敷き詰め、浄化し、メンテナンスし、撤去するまでをうけもつ会社だ。この援助なしにパリプラージュは実現しなかった。船で一度に砂を運ぶからエコプロジェクトのパリプラージュにふさわしく、二五〇台分のトラックからでる排気ガスを三分の二も減少できる。しかも砂を〇・一ミリの粒に砕き、粒子をそろえ、洗浄し、海浜の砂とほぼ同じ感触の砂に仕上げ、なお開催期間中、毎日砂をひっくり返して蒸気をとおしてバクテリアの繁殖を防ぐ、という作業の主体でもあり続けた。もちろんこの貢献で、企業の知名度を上げたのはいうまでもない。

例えば二〇一二年のパリプラージュ協力会社は他にも：アトヴァ（ミニゴルフ）、イギリス（ロンドン・オリンピック実況放送）、マクドナルドとフランススポーツ、ユーロ・スポーツ（スポーツ競技）、地下鉄公社のCONFITEM-CONFIMUR（地下鉄通路で演奏するミュージシャンのコンサート）、フランプリ（大型コンビニ、果物の試食会）、フナック（本と家電量販店、ライブ・コンサートと写真コンペ）、フラマリオン（出版社、子供図書館）、ファット・ボーイ（自転車競技とビーズクッション）、パリ水道局（水飲み場）、パリ船舶公社（太陽光発電船でのセーヌ観光）、科学と工業の都市（映画の上映）、フランス電力公社（電気自転車）、などなど協賛企業のおかげで多彩な遊びが二・三キロの河川敷に展開する。

協力企業は市側との協議で選ばれるが、基本的に商品の販売はできない。だがパリプラージュを支援して、そこに自社の提供製品を並べるという、またとない国際的な宣伝のチャンスは魅力にちがいなく、協力企業の申し出は毎年予定数をはるかに超える。公の機関である水道局でさえ水道水はミネラルウォーターと同等に美味しいと宣伝し、水飲み場を造って飲料（水道水と泡入り水）を提供し、船舶協会のような組織も船でセーヌ川の利用を見直す教育をする観光船を走らせる。

パリプラージュは二〇〇七年から一九区にあるラ・ヴィレットの水辺にも拡大された。二〇一一年のハイライトはディズニーランド・パリの砂の城、二〇一三年はラテンダンス、

二〇一四年はルーブル美術館が開催した水辺の絵画原寸大複製展、そしてフェルモブ社（Fermob）がカフェチェア生産一二五年を祝って、喫茶店のシンボルといってもいいビストロという名前の赤い椅子で高さ一三メートルのエッフェル塔をつくり、プラージュをにぎわせた（写真6）。

パリプラージュはリサイクルで

砂浜と同時にパリプラージュの象徴はヤシの木、青と白のストライプに塗った小屋、青いパラソル、トランザット（折りたたみ式デッキチェアー）、そして青い三角旗。これらが毎年バカンスの風景をつくる。パリ市から南へ七キロほど離れた郊外のランジスにパリ市の植栽のための植物園（四五ヘクタール）があり、ここで樹木や草花を育てている。背の高い樹木はブーローニュの森で育てる。そこから四〇本のヤシの木をトラックでパリプラージュに運び込む。六から八メートルの高さだから船では橋の下をくぐれず、横に倒せば樹木に負担をかけ

写真６　パリプラージュ　エッフェル塔

る。だから立ったまま運搬するにはトラックしかない。木製の大きな鉢に植えた三トンから四トンもあるヤシの木が岸に並び、一挙に川岸を南国の風景にかえる。当然、パリプラージュが終われば、そのまま植物園にもどる。

砂浜に並ぶ小屋を作るのは、同じランジスにあるパリ市が運営する工房だ。市の倉庫があり、ここに毎年使った道具（四一個の小屋、水槽五五〇個、机二〇〇台、椅子八〇〇脚、パラソル四五〇個などなど）を収納する。そして手入れして再利用する工房もある。だからプラージュに複雑な形のものはない。職員が自ら制作でき、修理できることが原則だからだ。しかも、エコのために使う木材はパリから二〇〇キロ以内で伐採したものに限る。

それらすべてを四日かけてパリプラージュに設営する。エコを旗印にするパリプラージュの砂はもちろん、使う道具も、備品も原則リユース。それに耐えるデザインだから、素材も形も単純が基本だ。当然、素材は木材が主役となる。

リユースが原則の小屋、旗は不思議と懐かしい風景をつくる。前年の手の跡がどこかに残るからだろう。

すべてタダ、これが人気の原点。

十二年間で人気があったのは、砂浜、ミストのシャワー、ペタンク、自転車、バレーボール、図書館などだった。だが、人気の原点はすべて、どんな催しに参加しても参加費無料、という配慮だ。まる一日遊園地を無料で楽しむ。これが福祉政策でもあるパリプラージュの精神だからだが、パリ市の福祉政策を国内外に披露する場でもある。

この企画がはじまったころは、せいぜい二年か三年くらいしか続かない、とだれもが考えていた。ところが初年度から評判を呼び、すでに一四回目を迎えた。

その成功の秘訣をショブレは「毎年かならず会場を仲間と一緒に歩いて廻るんです。何が人気で、人気の理由はどこにあるのか、あまり人がいないのはどこ、どうして、と観察して議論する。そして改良すべきもの、やめるもの、新しく加えるもの、と計画を練ってきたからです。最初の年の大成功はミストのシャワーでしたね（写真7）。プラージュだから水辺の催しが好まれました。私自身がブルターニュ出身で海の男だからかもしれません。でも何といっても天候に恵まれることです。これればかりは人間にはどうしようもありません。パリプラージュは常に変化します。つまりここは見る場ではなくバカンスに行けない子ども達が生きる場なんです」と成功の秘訣を語る。

仮設、可逆であること（réversibilité）

パリプラージュは二カ月で消える。設備の解体は一五〇人で四日かかる。この消える設備、

仮設という基本がショブレのデザインを面白くする。設備は土地に固定しない。置く、動かす、移動する、つける、取り外せる。そして最小限の設備で最大限に遊べること。つまり仕掛け、装置の面白さで市民を遊ばせるのではなく、遊びたくなる、参加したくなるデザインとは何かを問い、解答を求める。ここには基本的な遊びしかない。昼寝、歩く、走る、ダンス、砂を造形する、水に触れる、壁によじ上る、本を読む、などなど。人間の動作が起こす反応が遊びでありリラックスにつながる。それをどのように二・三キロに渡って展開するか

写真７　パリプラージュ　ミストのシャワー

が、セノグラフ、ショブレの力量にまかされてきた（パリプラージュという名前と浜遊びは一八八七年にカレ地方にあり、商標をめぐってパリ市との裁判があった）。

ショブレはパリプラージュからさらに一歩踏み出した。仮設だからできる減災公園。つまりセーヌ川という河川に危険が襲う前に撤去、あるいは移動できる、を基本にした公園を提案した。それがセーヌ川左岸にできたベルジュ・ド・セーヌ（Berge de seine）だ。

観光船にいるかぎりセーヌ川は穏やかに流れる、というより水の流れの方向さえわからないほどたおやかな川にみえる。ところが十一月ころから雨量が多くなるに従い、船は橋の下をくぐれないほど水位があがる。夏休みだけではない、年間を通してセーヌ河川敷が市民の憩いの場であるためには、水害をみすえたセノグラフが必要だった。

5

ベルジュ・ド・セーヌ（Berge de Seine）

すべては可逆だ（réversibilité、元に戻す）

セーヌ川右岸の高速道路を新たに封鎖してパリ市民の散歩道にしたのも、パリプラージュのセノグラフだったショブレである。十一年前の主役が再び主役に返り咲いた。その景観コンセプトの基本も元に戻せること、可逆であること（réversibilité）だった。

一九一〇年にセーヌ川の水位（注1）が平常時より八メートルを越え、堤防を乗り越えた水がパリ市内にあふれ、一週間も船で行き来したほどの被害があった。百年以上も前の水害だが、パリ市民にとってまだ忘れがたい事件にちがいなく、当時の写真を絵はがきにして売っているほどだ。セーヌの岸や市内のアパートの壁に「矢印、水位1910」と書いてあるプレートが張ってあるのが、水害を忘れるなの標識。災害を事前に防ごうとパリ市は上流に広大な溜め池を四カ所つくり、セーヌ河を監視し、危険を予告するシステムをつくってきた。パリは百年以上も前から水害対策を怠らない。

二〇〇一年にセーヌ川の水位は五メートルを、二〇一三年にも十一月三日から四日にかけて三メートルを超えた。毎年十一月から冬にかけてが、水位上昇の季節だ。この期間には船の運行禁止と一部の自動車道路が封鎖されることがある。また河川近くの地下倉庫の被害を予測し、パリ市は住民に増水危険地帯の地図を配布して、大切なものを地下倉庫から引き上げるよう指導している。そのうえ浸水の危険が予想される図書館の地下書庫の本すべてを安全地帯に移動させる、という徹底ぶりを見せる。観光客にはみえないが、パリには水害を最小限におさえる具体的な行政の力が機能する。ただ、水位が上がるとセーヌ川の観光船は運行停止になる。橋の下をくぐれなくなるからだ。その日だけが観光客にわかるパリの増水警戒日だ。

水害の発生源とはいえパリ盆地の最も低い土地を流れるセーヌ河は、かつてメインストリートだった。船舶は人と荷物をのせて頻繁に運行し、河に面してモニュメントが建設され、セーヌ岸にある港がパリの表玄関だった。岸辺を散歩し、ボート遊びをし、花火を上げ、プールさえあったほど市民の憩いの場だったのは、印象派の絵画でもみてとれる。だが一九六〇年代に土手と河川敷に自動車道路が整備され、セーヌ河はジャリ船の通り道になった。

かつてのメインストリートの機能をエコという視点から取り戻そうと、パリ市は港の整備、船バス（バトーバス）の運行、商品輸送を船にすれば減税に、そしてパリプラージュを運営して夏のバカンスの場に、などセーヌ河はかつての機能を取り戻そうとしている。なかでも「世界で最も美しい河岸を取り戻そう」と、右岸の高速道路を封鎖して遊園と遊歩などの路面、ベルジュ・ド・セーヌ（Berge de Seine、アルマ橋からオルセー美術館まで、セーヌ左岸の河川敷二・三キロ、面積四・五ヘクタール）が二〇一三年六月に完成したのは、快挙といってもいいだろう。この新たな公園の主なセノグラフは、再度ショブレだった。その景観コンセプトの基本も、元に戻せること、可逆であること（réversibilité）だった。つまり仮設。だがパリプラージュは夏一カ月だけだったのに、今度は年間を通じて運営される条件が問題を複雑にした。

ここに並ぶ遊歩道、公園、遊具、レストラン、カフェ、スポーツ施設、舞台、展覧会場、レンタルルーム、などの市民の水辺の憩いの道具もすべて仮設、可逆が基本だ（すべて無料はパリプラージュと同じ）（写真1）。

二十四時間以内に解体移動の橋

とはいえ遠方から眼にとまるモニュメントがあるわけではない。のぼり旗以外にほとんど何もみえない。だが近くに寄って設備に眼を凝らせば、驚くべき設計になっていることに気づく。全てが消えるための、いや全てを短時間で移動するためのデザインなのだ。仮設が基本だから。大型設備は二つある。オルセー美術館の前の土手から水辺までゆるやかなカーブを描いて岸にとどく、高低差五メートルの太鼓橋（写真2）。そして五つの水上庭園（写真3）。

橋の制作はドイツとの国境にあるアルザス地方の鉄鋼の街モゼルの工房だった。土手から河岸までの高低差五メートルを三一ステップで降りる階段は、上下二ブロック、左右八ブロック、合計一六に分割でき、互いにボルトナットで組み立てている。表面が木材で覆ってあ

写真１　ベルジュ・ド・セーヌ　地面遊び

るから、裏側からのぞかないかぎり構造が総計五五トンの鉄でできていることに気がつかないだろう。解体から移動まで二十四時間以内にできること、というパリ市が要求した設計条件が完璧に満たされたことは、すでに二〇一三年十一月の増水で実証ずみだ。

この橋は階段であると同時にベンチでもある。橋の前に停泊させる水上のプラットフォームでのパフォーマンスを観覧する特別に眺めの良い六〇〇の特等席でもあるのだ。夏の夜の水上パフォーマンスは特別美しい、というが、そのための観客席として心地よい二連ステッ

写真２　ベルジュ・ド・セーヌ　オルセー美術館

写真３　ベルジュ・ド・セーヌ　水上庭

プ幅の板もある。

水位八メートルに耐える浮き庭

公園に庭があるのはめずらしくない。だがセーヌ川の中に庭ができた。水上庭園だが、この庭は浮いている。この水上庭園の制作はセーヌ河が大西洋にそそぎこむ河口にあるル・アーヴル（Le Havre）の造船所だ。一般的な運搬船の船底とほぼ同じ構造をした五つの小さな船をショブレは庭園にみたてた。植物を植え育てる土を大量に船に入れるから、その重さと船底のバランスを保つバラストの位置が難しかったという。五つ連なった水上庭園のパリまでの旅も、造船所の近くにあるセーヌ川をそのままさかのぼって三日かけた。五つつながって浮かぶ庭園の総面積は一八〇〇平方メートル。庭園はテーマに沿ってそれぞれ名前がついている。

(1) センターの庭
(2) 霧の庭
(3) 草原の庭
(4) 果樹の庭
(5) 鳥の庭

庭には緑と花、散歩のための小路とベンチ、ハンモックなどがある起伏のない平凡な景観だが、人間のほうが金網の小屋に入って水辺に集う鳥を観察する庭がおもしろい（写真4）。この庭の草木はできるかぎりセーヌ河岸に自生する植物を選んである。とはいえ果実の島にはリンゴの樹があった。

セーヌ川岸に浮かぶ庭を係留するのは八本の鉄の杭。三・八メートルの深さまで打ち込み、水面からの高さは一九一〇年程度の増水があっても充分耐えられる高さ八メートルだ。

水害が予測される土地につくる構造なら、増水に備えた設計であればそれでいい。水の浸入を物理的に防ぐのも方法だが、船と同様に水に浮き水位とともに上昇下降することも解決策なのだ。パリ市は浮かびながら災害からのダメージを避ける減災案をえらんだ。このデザインを提案したショブレはあらゆる移動民族の技術を見習った、と語っている。彼がこれまでに提案してきたパリプラージュの成功をみれば、仮設というコンセプトこそ楽しみの場にふさわしいのではないか、とさえ思わせる。つまり、堅牢で何事にもビクともしない、いつも変わらない景色であるよりも、季節や気象条件に柔軟に対応できるのが仮設の設計思想だ。水害から設備を守るためには、たとえ水位が上がり河川敷が浸水したとしても、水がひけばすべてが「元通りになること」（réversibilité）という、パリ市が要求した条件にショブレの提案はぴたっと合った。

公園の遊び用具もすべてが仮設。木材を組み合わせて積んだだけのステージとベンチ、ゲ

ームの図案を印刷した軽いテーブル（駒は会場内でレンタル）、椅子もテーブルもスタッキング（積み重ね）ができ、地面に貼った遊びの文様、迷路、世界地図、動物などは足元に描いてあるだけだが、思わずステップをふみたくなる（写真5）。

もちろん水がかぶっても消えることはない。しかも季節にあわせて自在に剥がしてはり直す。セーヌ川の岸は石で組んだ堤防でできている。その直立した石壁を利用したボルダリング、壁に取り付けた巨大な黒板、ロープ、鉄棒などなど、水につかっても平気な遊具しかない。とはいえ全てが四季を通して常設されているわけではない（写真6、写真7）。

冬には寒さを避ける仮設の四七〇平方メートルもある大型テント（WE）ができ、中には手工芸のアトリエ、カフェ、卓球台などができる。春から夏には隠れ家テント（Teeps）。

写真４　ベルジュ・ド・セーヌ　鳥観察小屋

四季を通じて野外展示設備、コンテナーの中で誕生祝いや会議などができる貸しスペース（Zzz）、などが曜日、時間などを限って不定期に出没する。常設の店舗、事務所、カフェ、パトロールの警察官休憩所は既製品のコンテナーをリフォームしたもの。

警報と同時に市民の入場を禁じ、設備を安全地帯に移動できること。つまり設備のすべては、短時間で解体移動ができ、そして天候が回復すれば復元ができるデザインであることが原則だ。

このプロジェクトの運営をまかされたのは公募で選ばれたジャンルを超えた専門家の集団（アルテヴィア＝ARTEVIA）。フランスの各地で建築、造園、アート、スポーツなどの行事を運営してきた団体だ。

NPOの運営者は、毎日、毎週、違った遊びを提供する。バカンスの過ごし方がパリプラージュのテーマだったのに比べて、ベルジュ・ド・セーヌは日常の楽しい活動を提案する。ハードはできたが、ソフトが追いつかない施設は息が短い。考えつく限りのスポーツ、コンサート、展覧会、子どもと大人のための催しはウェブサイトの予定表をみれば、その多様さに驚く。ただし、行事のほとんどは安あがり。設備に資本投下はしない。ただし遊ぶ人々の世話をする人件費はおしまないようだ。

何事にも遅れが当然というフランスで、ベルジュ・ド・セーヌの工事期間がわずか三カ月という迅速さも例外だった。

写真５　ベルジュ・ド・セーヌ　ベンチ、ステージ

パリの広場のベルジュ・ド・セーヌ

ベルジュ・ド・セーヌの仮設部品の一部は、二〇一四年の冬、パリの広場に期間限定で移動しはじめた。公共の広場とは何かを模索し、パリにふさわしい安らぎとは何かを再度確認するためだった、という。このベルジュ・ド・セーヌの運営組織の一つであるアルテヴィア（ＡＲＴＥＶＩＡ）の試みだが、ミカドという名前の角材構造、Ｚｚｚと名付けたコンテナーでできた小部屋、木材や植栽でできた鉢ル・ヴェルジェー（le verger）と呼ばれる設備の一

写真６　ベルジュ・ド・セーヌ　巨大黒板

部が市内の比較的に大きな広場に移動した。期間は毎年十一月初めからはじまるセーヌ川の水位上昇期間の数カ月間だけ。

4区アルスナル館（Pavillion de Arsnal）前
5区パンテオン広場（Place du Panthéon）
10区レプュブリック広場（Place de la République）
11区バスティーユ広場（Place de Bastille）
13区パリ大学ディドロ庭（Université Didrot）

などに。パリのどこでもベルジュ・ド・セーヌの風景が見える。この柔軟さこそ仮設というコンセプトのおかげだ。無理なくどこにでも移動できる公共空間の施設、とは何かを研究するこの試み、公共の広場を固定した風景にするのではなく、季節ごとに変化する可能性に注目したい。本当の意味での人種差別がなく、だれもが美しい物に近づける場、を求めたドラノエ前市長の夢は、実りつつあるかに見える。

神戸、新潟、福島を体験した日本の防災都市計画は全国津々浦々にできた。原発大国フラ

写真７　ベルジュ・ド・セーヌ　リラックス

ンスの首都パリが試みたエコ、水害対策の知恵はおおいに参考になるだろう。

注1　七段階の水位（三・二メートルから六・一メートル）に応じて段階的に河岸への自動車と歩行者のアクセスを禁止する。パリ市のセーヌ河水面ゼロは海抜二六メートルに設定（計測地点はオステルリッツ橋）。

第1区間　上昇水位三・二メートルでアクセスを禁止。Pont Royal – Pont de l'Alma まで。
第2区間　上昇水位三・四五メートルで船舶もアクセスを禁止、Tuileries – Mazas まで。
第3区間　水位三・七メートルでアクセスを禁止。Pont du Garigliano – Pont de Bir Hakeim まで。
第4区間　水位四・三五メートルでアクセスを禁止。Voie d'évitement Valhubert まで。
第5区間　水位四・八メートルで。Voie sous le Pont National まで。
第6区間　水位五・九メートルでアクセスを禁止。Voie Mazas まで。
第7区間　水位六・一メートルでアクセスを禁止。Souterrain Citroën Cévennes まで。

6 ショブレは語る

Si la Seine était en Crue dans le 4e

L'absence d'électricité aurait des conséquences sur le fonctionnement des divers réseaux, notamment sur le téléphone et le chauffage urbain.

C'est pourquoi, la Mairie de Paris entreprend dès 2004 d'importants travaux de protection qui permettront à part de 2005 de limiter considérablement le risque de débordement du fleuve. L'ensemble des grandes entreprises publiques (EDF, Gaz de France, RAT France Télécom...) et la Ville dont elles les concessionnaires préparent des plans d'actions pour limite l'impact des crues et donc certains risques de perturbation dans votre vie quotidienne évoqués ci-dessus.

a carte indique si votre rue serait ous l'eau, si vos caves et sous-sols seraient ondés. Certaines zones au-delà de celles touchées ectement par la crue, pourraient aussi être privées d'électricité r le réseau qui les alimente serait inondé.
 cas de crue du type de celle de 1910, les transports publics seraient fortement rturbés : le métro et le RER ne fonctionneraient plus dans le centre de P circulation des trains serait arrêtée sur les réseaux Sud-Est et Sud-O s gares de Lyon et d'Austerlitz fermeraient. Les autobus ne circuleraient s voies praticables et un certain nombre de ponts ne seraient pas accessib

「もしも４区のセーヌ川が氾濫したら」パリ市が市民に配布した増水地図

増水を迎え撃つ減災都市計画

フランス国立図書館近くにある事務所でショブレに会った。事務所というより作業場だ。新しいイベント会場に置く、装飾したテントの周りでのダンスの振り付け中だった。セノグラフの作業とは、ダンスの演出も含むようだ。ショブレは笑顔でベルジュ・ド・セーヌが受け入れられるまでの逸話を話しだす。

写真１　パリプラージュ　砂の城

困ったことはいくつもありました

ショブレ　パリ市の規則に合わせるのが大変でした。河川敷に公園あるいは、ある種の遊園地を仮に設置したかったのですが、セーヌ川を拠点とする観光船の業者が反対するんです。観光客をこの公園にとられるのではないか、と。業者を説得するのが大変でした。逆にパリの観光客がいままでより沢山セーヌ川にくるはずですよ、と話しました（写真1）。セーヌの河川敷はパリ市の専有物ではないことが問題を複雑にしました。セーヌ川を管理する会社があり、その了解をとること。そして土地の賃貸交渉に時間がかかりましたね。

船を庭に見立てたのですが、その船体に土をいれる、という試みはいままでにはなかったので、船底が土で浸食されないペンキを新しく開発する必要がありました。土と水から船を守らなければならなかったからですが、これも予想以上に困難な作業でした。

市民の安全も難しい問題でした。庭にみたてた船はどんな時にもバランスを保つ必要があ

写真２　ベルジュ・ド・セーヌ　渡り橋、通行禁止状態

ります。外からは全くみえませんが、その船の底に安定を保つためのバラストが入っていて、それが有効にはたらくためにコンピュータで船を制御しています。浮く庭の横を大型の観光船やジャリ運搬船が通ると、かなり波が立ちます。その波を打ち消すように自動的に庭が動く必要があるわけですから、船体、いや庭の安定プログラムにも力を注ぎましたよ。浮く庭という船の安定は想像以上に難しいんです。

市民が庭へ入る橋が三カ所かかってます（写真2）。入りやすくて出やすい場所とその仕組みをデザインし、夜間の安全をたもつために通行を禁止する必要がありました。門に扉をつくって閉めたり開けたりするのではなく、橋の陸側の一方を夜間は上にあげることにしました。これだったら、絶対渡れませんから。そして二人の監視人が常駐するようにしました。この二人は市民が危険にさらされないための監視人ですが、観光案内もします。セーヌ川についての質問に答えてもらってます。案内という美しいドラマが必要なんですよ。空間も施設も。セノグラフはベルジュの最初から最後までの時間と空間のすべてをデザインするんです。

残念だったことがあります。それは、オルセー美術館前の橋を水の中までつなぎたかったんですが、パリ市の規則でだめでした。船に乗っている人が緊急時に岸にあがるためには三メートルの岸辺がなければならない、という規制があったのです。橋は現在の形になりましたが残念としかいいようがありません。というのはベニスには階段が海にはいってゆく風景があります。あんな美しい橋を造りたかったのです（写真3）。

そして階段というのは上り下りするだけのものはない、と気がついたのはオペラ座の正面階段に観光客が沢山座って景色をながめているのを見た時でした。そしてモンマルトルの丘の階段も腰を下ろしてパリの景色を眺める素晴らしい仕掛けです。

オルセーの橋も眺めるために座る椅子として階段をデザインしました。だから、あれは劇場の階段でもあります。というのは二カ月に一回くらい、セーヌ川に浮くプラットホーム（舞台）が階段の正面にやってきてコンサートやダンスなどのスペクタクルを開催するからです。だからあれは橋でありながら劇場の椅子です。

舞台は一〇メートル×四五メートル。大きさはセーヌ川にかかっている橋の下をくぐり抜ける範囲で、という規則に従った大きさです。特に一〇メートル幅という数字が大切なんです。水上のコンサートって素晴らしいですよ。風に吹かれる夏の夕方を想像してください。

一番大切だったのは、二十四時間以内に全てを解体移動、という条件があったことです。それはセーヌ川の水位を二十四時間監視している公の機関の要求でした。そのために、橋の階段部分を覆っている木材をはがしやすい設計にして、木材の重量を三五キロにまとめるようにできてます。というのは機械で作業するより、この部品を解体し、運搬するのは人間が最も早く効率的だと判断したからです。つまり一人が運べる重さを三五キロという単位にした結果の板張りなんです。一七名いれば時間内に解体移動ができました。もちろん構造部分

写真３　ベルジュ・ド・セーヌ　橋木製ステップ

はボルトナットを外した後で、機械で持ち上げ移動します。だから構造部品にはすべて記号と番号をつけ、解体し、なお再生がしやすい配慮をしてあります。

これらの部品は水位があがり解体した後で、パリ市が管理している倉庫に移動します。ここにはパリ市の庭を管理し手入れをする部門の職人が働いていて、橋も彼らが身につけている技術だけで解体再生ができるようになっています。つまり特別の職能集団を集める必要がないことが大切なんです。彼らが日常使っている道具と技術の範囲でできること、修理できること、改善できること、というコンセプトが公共施設のデザインに必要なことです。すでに二〇一三年の水位上昇で二十四時間で解体移動できることが証明できてひと安心しました。

パリプラージュはたった一年という約束で始まったのですが、なんと十三年目を迎えました。それだけ市民に人気があり、経費の節約にも心を配った結果です。ベルジュ・ド・セーヌでも橋と浮く庭を除いて、ここで使う仮の設備のデザインは専門家の仕事ですが、製作のほとんどは市の職員なんです。つまり素人です。彼らが造り、彼らが修理し、彼らが管理しそして改造する。これが橋の解体で配慮したように、公の施設の基本なんです。だから今後の運営も順調でしょう。パリプラージュは一カ月という期間限定ですが、ベルジュ・ド・セーヌは年間続けて運営しますよ。

植物の選び方も難しいね。気がつかなかったことですが、土に生えている植物は揺れるのが嫌いなんです。だってそんな条件で育ってきた植物は地上にはないからです。だから浮く

写真４　パリプラージュ　プラスチック・ビーズの椅子

庭が波を感じてその揺れの逆に揺れるよう、つまり安定するようにコンピュータで管理されているのは，人間の安全ためでありながら、実は植物のためでもあるんです。特に草より樹木に影響があるのではないか、と感じてます。樹木はおそらく八メートルから一〇メートルの高さまでは育つと思いますが。

杭は水面から高さ八メートル、地下にほぼ三・八メートル打ち込んでいます。もちろん地層の差にもよりますが。本当はいつも水面から同じ高さに見えないように、水面の上昇に比例しながら伸び縮みする杭にしたかったのですが、汚れがはいって故障してはいけないとエンジニアに断られてしまいました。これも残念。杭がもっと目立たないほうが風景としていいのはわかってます。初めての浮かぶ庭のようですが、メキシコにはアステカの首都が浮き島だったから、もしかしたら、歴史上二番目の浮く庭かもしれませんね。

福島に提案する

ショブレは福島の災害を憂い、次のような体験を語った。

「フランスの北ブルターニュ地方でも、地中海に面した都市でも水害が絶えません。頻繁にある豪雨の後にやってくる大波にともなう水害対策を立てたことがありました。その地方は二時間前に大波がきて水位が上がることがわかっている街でした。ですから二時間で解体し、移動できるような家屋のモジュール（規格化）を提案しました。デザインは専門家が担当しましたが、制作はすべて地元の住人でなければいけない、という基本の設計でした。特別な人間の技術がなければいけないようなものを生活の基本にしてはいけません。人の力と土地の特徴を知りそれを使い切ること、これが基本です」

「日本の東北の津波被害の後になにをすべきかを問われれば、その土地に再び住むことを選択する住人のためには、水害にあった土地の五〇メートルごとに水、電力、オプチックファイバーが入っているボックスを地下に設置しておけばいいと思う。もしも家屋をモジュールにして安全地帯まで移動してあれば、その家屋を元にもどせばすぐ暮らせます。たとえ家屋が流されても、インフラを再建する手間と費用がはぶけますね」

ショブレは、つかの間の仮設だけがいいわけではない。だが仮の設備という視点に立てばこれまでと違った都市構造だって可能、と説く。

愛される街の条件は？

なぜパリプラージュが成功したのか、をショブレとは全く違った視点で解き明かした社会学者がいた。その研究者は、デファンスの新凱旋門の付近で十五歳から二十五歳の女性を観察し、どんな場所で、ゆっくり歩き、立ちどまり、休むかを調査したのだ。

その結果は予想外だった。きれいな場所でもなければ、椅子やベンチがあるからでもない。若い女性が好むのはきまって清潔であり、なお水がある場所だった。これはまさにパリプラージュ成功の原点にある。男性でははっきりしなかったが、女性の反応は実にはっきりしていた、という。

これはおそらく「やさしい街」という今後の開発プロジェクトの基本概念となります、とショブレは言う。

「フランスの南に生まれ、少年時代、アーモンドの花が咲いてからたった三日後に散る時の匂いの儚(はか)なさの思い出が、忘れられない。日本の皆さんが桜に抱く気持ちとこれは多分同じでしょう」と仮設を主張するセノグラフは、また、儚い香りを好む男性でもある。

7
ユースホステルが発電所

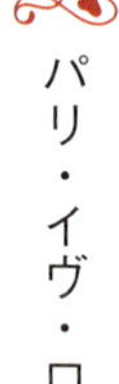

パリ・イヴ・ロベール（Yves Robert）

二〇一三年五月、パリはポジティブ・エネルギーのユースホステル開所を祝った（写真1、2）。使用するエネルギーよりも作り出すエネルギーのほうが多い施設だ。その発電能力は四七一キロワット（太陽光発電パネル一九八八枚、三五〇〇平方メートル）、年間発電総量四一〇メガワット（日本の一般家庭年間消費電力量の一〇〇戸分）、そして太陽熱温水装置が三〇〇平方メートルある。パリ、いや世界中の大都市のなかで最大の太陽光発電所がついているユー

写真１　ユースホステル前

スホステルだ。もしかしたら、発電所にユースホステルがついている、と言ってもいいだろう（電力はまずフランスの電力公社に売る。写真3）。

パリの北、ザック（ZAC）パジョールという地区（一八区）の再開発地区でのできごとだ。開所当初はパジョール・ユースホステルと建物の前にある通りの名前をそのまま使っていたが、ユースホステル名はイヴ・ロベール（Yves Robert）に変更された。それは映画「ボタン戦争」（一九六一年）の監督名だ。理由は、イヴ・ロベールが、若い頃ユースホステルで働き、その責任者までになった過去をたたえ、なお彼の精神は常に多様な文化をもった隣人とすべてを分かち合った、というユースホステルの精神そのものだったからだ。

しかも隣接する庭に、ポーランド人の革命家ローザ・ルクセンブルグ（一八七一〜一九一九）の名前をつけた。『自由とはつねに、思想を異にする者のための自由である』という遺言にも似た言葉を残した女性だ。

エキナカじゃないユースホステル

その敷地は廃墟になっていた国鉄の格納庫と郵便物の荷下ろしと仕分けの建物があった敷地だった。日本だったら、狂ったように駅ナカという商業施設を駅構内につくっているが、フランスは国鉄の敷地にユースホステルを選んだ。ユースといっても利用者の年齢に制限は

写真２　ユースホステル中庭、上に太陽熱利用パネル

ない。家族連れでも一人でもいい。

ベット数三三〇の大型ユースホステルだが、同じ建物の中に、集会室、図書館「ヴァーツラフ・ハヴェル」(Václav Havel) があり、その名前は、チェコの独立を勝ち取ったビロード革命の指導者、チェコの初代大統領だ。

他にも劇場、庭などが付属している。宿泊部門以外は住民も利用できる設備でもあり、手工芸、庭いじりなど、近隣住民を巻き込んでのワークショップを開催し、工芸品売店もできた。

といってもユースホステルは現在使用中の駅の中ではなく、パリ北駅と東駅の中間にあり、北駅まで徒歩十分の距離にある。

列車の格納庫がユースホステルの候補になったのは、二〇〇八年にはじまったエコ・カルチエ認証をめざしたからだ。環境を保全し持続可能で、だれにも公平で、質が良く、人種と収入、年齢などで差別されず、それらの人々が混在できる住宅とインフラ整備を目的とした政府公募のエコ・ラベルに合格するためだ。政府や自治体などから資金援助がある以上、フランス全土から多数の応募がある。だから際立って特色のある計画が認証されるのは当然。二〇一三年には五〇〇の応募から一六が認証され、二〇一四年十二月に一九のプロジェクトがさらに追加された。

上：写真３　ユースホステル　発電量パネル、下：写真４　ユースホステル　線路側

記憶を消さない

このユースホステルは、たとえ廃墟になったとはいえ、住民が見慣れてきた建物を残し、記憶にある風景を消すことなく、なお新しい設備を、との希望に応えた。そのために格納庫だった鉄の構造をそのまま残し、その内側に鉄構造に負担をかけずに建設でき、なお、コミュニティーに貢献できる建物が必要だった。もちろんエコ・カルチエに住宅を建設するのは通常の解決策だったが、住宅ではなくユースホステルにしたのは、それまでどの再開発案にもなかったユニークな計画であり、一階にできる商店での住民雇用も視野にいれたからだ。

旧国鉄の格納庫の鉄でできた構造（屋根の南面に太陽光パネルを取り付け）が、コンクリートと木材でできたユースホステルの構造体を、内側にそっと包み込んでいる。だから二つの構造は互いにふれあうことはない。接触しない構造だからエネルギー効率が良い。

建設側（パリ市と建設請け負い業者）と住民との話し合いは頻繁だった。広報新聞を発行したり、壁新聞を張り出して、検討の結果や工事の進行などを知らせる、といった地道な努力が実った計画だった。というのは、機能しなくなった空のこの格納庫は廃墟ではあったが、住民が展覧会や作業などで使っていたからだ。そのためのＮＰＯ活動もまた活発だった地区だった。

その初期に格納庫の屋根の形が住民の記憶にしみ込まれていたことがわかった。屋根のジグザグをそのまま生かし、壁が取り払われた躯体としての欠点を補うために細い鉄筋を貼ってできるかぎり構造を透明にした。しかも新しい機能があるコンクリートの建物にも外装に木材を貼りまわし、エコ機能を追求した。その結果、二つの新旧建物はなんの違和感もない、はじめから一つだった、としか思えない建造物としてパジョール地区のシンボルとなった。その姿は、新しいのに懐かしい。壊して平地にして新しい建物を建てるのではない。住民の記憶を消すことなく生かす手法は、結果としてエコノミックでありエコロジーに通じていた。図書館や作業空間そして庭ができたのは住民の要望でもあったのだ。

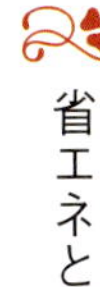

省エネと水と庭

太陽光発電パネルを支えているのは三〇度傾斜し南面にある鉄構造の屋根。これが発電所部分。ユースホステルの構造は鉄筋コンクリートを基本に、外装すべてに木材。窓には三層のガラスをいれ、四五センチある厚い壁にウールの断熱材を貼り、床と外装は八〇％木材でできている。それも国内産に限っている。木材には断熱効果があるからだ。図書館の壁に断熱材として使ったのは古紙を裁断してできる繊維だ。これは外装に木材をつかうのと同等に暖房効果が高く、なおリサイクルで素材として有望だからだ。

地下には冷暖房のエネルギーを節約するための全熱交換システムが、地下二階から四メートルの位置に、幅一六メートル、長さ一四〇メートル、天井高さ三メートルの通路いっぱいにある。ヒートポンプが稼働し外気を取り込んで空気を一定の温度にし、それを館内に送風する仕組みだ。特に高温の日と寒冷の日だけヒートポンプは稼働するが、それ以外は地下の一四度の空気がそのまま送風される。だから各部屋の天井に金属の太いチューブがつきでて、必ずしもインテリアとしては映えないが、利用者にとってエコロジーの教材でもある。

屋根の東面に三〇〇平方メートルの太陽光熱湯水装置がつき、館内でつかう湯とシャワーの湯量の半分をまかない、シャワーのパイプに熱を吸収して冷たい水を暖めることができるパワーパイプをつけ、熱エネルギーの回収をする。

断熱効率を優先するために、ユースホステルの部屋の窓は小さく、基本的に開けないことになっている。だから閉塞感は否めないが、それを解消するのが地上階の広い庭とテラスの共用スペースだ。屋根に降る雨水を回収して庭の池に、そして地下の槽に導いて回収し、ユースホステルの洗浄につかい、できるだけ下水に流す量をすくなくしている。

この太陽光発電パネルがあるジグザグ屋根に覆われた空間の半分がユースホステルだが、残りの半分は庭、という設計。屋内のような屋根付きの庭は国鉄のレールとユースホステルの建物の間を南北につらぬき、総面積二五〇〇平方メートルという広さだ。

エコという条件をクリアーするためにこの庭の設計には面白い条件がついている。

庭の構造は‥

1　柔軟であること
2　取り外しが楽にできること
3　可動しやすいこと
4　エネルギーポジテイヴであること
5　暖房がほとんどなくてもいいこと
6　空気も、水も、その消費は経済的であること
7　植物の多様性を保つこと
8　騒音がすくないこと
9　メンテナンスが楽しく、楽にできること
10　庭にはコミュニケーション力があること
11　教育への配慮があること

エコ庭園への配慮は綿密だ。といっても植物の色彩や囲いの形などには一切ふれていない。ただ池の囲いも草木用の囲いも、板しか使っていない。いつでも、必要に応じて、季節ごとに囲いの大きさも位置も変えることができるように、と。水辺の植物と自然が運んできた草を中心にした庭の緑は植物の多様性に沿ったものだ（写真5）。

しかも庭には近隣の住民が共同で耕作できる「分かち合いの畑」ができ、育てた野菜や果物を分け合う。貧しい人々への配慮でもある。しかもハンディキャップのある人々のアクセスにも配慮した。二五〇〇平方メートルの庭のためにつかった素材もエコに徹する。格納庫の解体ででたタイル、瓦、レール、歩道の石、鉄などをリサイクルしたものだけだ。

北駅からはベルリン、アムステルダム、ロンドン行きなど北行きの国際列車が走る。だから線路のすぐ横にあるユースホステルは列車好きにはたまらない施設だ。だが数十年も廃墟だった格納庫がある地域は貧しい移民が住む地区だった。だからこそ開発可能だった、ともいえる。金持ちが住んでいるパリの中心には新たに開発できる土地はめったにない。パリの端にある地域の開発をしながら、移民の、収入が少ない住民のための住宅を作り、できるだけ複数の民族を共存させ、人種、年齢、職業、収入の差による不公平をなくそうとするフランス政府の政策の一部がこのユースホステルだった。

カフェ、レ・プチット・グット「雫」(Les petites gouttes)

ユースホステルの一階にできたカフェ・レストラン、レ・プチット・グット「雫」(Les petites gouttes) が面白い (写真6)。レストランでありながら、コンサート、展覧会、パフォーマンス、講演、市場、なども主催する。インテリアのデザインは田園風がいいから、と骨

写真５　ユースホステルの庭

董市で机や椅子をさがしてきた、と店主は語るが、テラスのデザインは野生味あふれる。拾ってきた木材や、木箱を積み上げただけ。といってもあらゆる催しは長くても数カ月か数週間でおわる。だからテラスは季節ごとに、イベントごとに変化する。

店舗の前のテラス・スペースに、オープンキッチンがあったり、布と木材でできた鉢に植えた草木があったり、乱雑にみえるが野趣にとんだ趣味でいっぱい。二〇一四年九月のグラ

写真６　ユースホステル付属の喫茶店（雫）のベランダ

フィティー展は、このユースホステル周辺の雰囲気をがらっと変えた。イベントに市の援助はない。店舗の主人は、「材料を提供するだけです。なんでこんな企画をするかといえば、私たち自身がストリートアーティストだったからなんです。仲間への応援、あるいは仲間を巻き込んでこの地域に貢献したいからです」と笑う。

ハードとしての建物が生き生きとするのは、ソフトが後を追いかけるからだ。「いつも、何か変化する行事があって、はじめて設備は生きるのです」と「雫」のオーナーは笑顔で答える。

一〇〇%エコの、持続可能で新しい時代の要請にあったザック・パジョールの成功は、電気エネルギーの自立だけではなく、ユースホステルを利用する多くの多国籍の旅行者が持ち込む文化の多様性だろう。ユースホステルと店舗のオーナー達が、季節ごとに、あるいは月単位で催すイベントがその活性剤なのだ。

ZAC計画

パリ市もそのひとつだが、地方自治体が協議して集中的に整備する地区（ZAC地区。Zone d'aménagement concerté）での住宅と公共施設の開発に積極的になったのは、一九六〇年からだった。いまもなお続くその都市開発戦略は二〇世紀のはじめにできた鉄道や工場、市場、公共の建物などが、近代化にともなって環境が変化し、その進化にともなって使われなくなり、その結果打ち捨てられた土地を再利用することに主たる目的が変わった。それらの建物は、第二次世界大戦後に工業化のためにフランスの植民地から大量に受け入れてきた労働人口のための安い住宅を大量につくる急務があったからだ。

このZAC計画はいまなお進行中。二〇一三年度にはパリだけでも一五の工事が申請され、ほとんど完成した。それらの中からエコ・カルチエに相応しいものが毎年選ばれるという仕組みだ（イヴ・ロベール・ユースホステルもその一つ）。

格納庫と貨物仕分け場は一九二六年の建設だった。解体の運命にあったが、二〇〇四年にパリ市が購入し二〇〇八年の開発コンペで省資源、省エネルギー建築の名手として活躍してきたフランソワーエレーヌ・ジョルダ（Françoise-Hélène Jourda）が勝ち、ユースホステルを手がけた。

ZACパジョール

この、パリの北の端一八区の最大の太陽光発電所とイヴ・ロベール・ユースホステルはザック・パジョール（Zac Pajol）の一部だが、その開発の全容は以下の通りだ。

(1) 屋根に発電所を乗せたユースホステル

(2) 電気の買い取り価格は普通だったら一キロワット当たり一〇セントだが、特別に二十年間、一キロワット当たり一五セント（約二十一円。日本の買い取り価格は現在二四円前後）という高い買い取り価格が約束された。

(3) スポーツセンターでは屋根の太陽光発電パネルは年間発電総量三〇メガワット、二二〇平方メートルある太陽温水装置があり、雨水をためてリサイクル。外気を内部に取り込み、地下で熱を交換し館内に循環して冷暖房のエネルギー節減。

(4) 高等学校、六〇〇名在籍、一九二六年建造の建物をリフォーム、屋上庭園一七四〇平方メートルがあり断熱と雨水のリサイクルに使い、屋根に太陽熱温水装置二二〇平方メートルがあり、内気と外気を循環させ内部の温度を一定に保つ装置もある。

(5) 商業ビル、グリーンワン（Green One）には太陽光発電パネルで年間四・五メガワットを発電し、屋上庭園で断熱と雨水のストック、内気と外気を循環させ内部の温度を一定に保つ装置があり、プラスチックを混入したセメントでできた外装材を使用し断熱性に優れた構造だ。

ザック・パジョールのユースホステル、図書館、スポーツセンター、高校、商業ビルは、二〇一四年に稼働をはじめた。エコロジー、省エネをスローガンにしながら、貧しい人々の救済も同時に、というパリ市の政策が着々と進行する。

8

パリの子ども公園は大人目線で

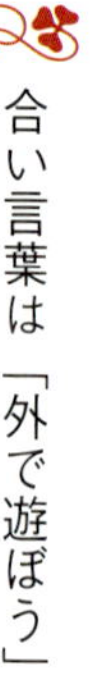

合い言葉は「外で遊ぼう」

東京の児童公園から子どもの歓声が消えて久しい。少子化、塾通い、公園デビュー、事故が起こったのも公園から子どもが消えたきっかけになった。しかも子どもの声が騒音としてクレームになる、という過敏な大都市の環境も、楽しいはずの公園が敬遠される原因のようだ。

ところが少子化への不安を完全に克服したフランスの公園は、どこでも午後になれば子どもの歓声が響き渡り、それを見守る保護者も笑顔だ。保護者は男女半々といったらいいだろう。公園に高齢者が多いのは、共働きの子どもにかわって祖母や祖父が孫の面倒をみているからだ、という。フランスは子育てがしやすい環境整備に必至だ。公園の整備もその重要な政策の一つだから安全、危険防止への配慮がみえる。

「外で遊ぼう」これがパリ市が公園に託すメッセージ。パリ二〇区内には五〇〇ヘクタールの緑地（森を除く）があり、二〇一〇年の調査では市民一人あたりの緑の面積は一一・三平方メートル（東京は五・七平方メートル）。公園と言っても、歴史的な由来と大きさや設備ごとに名称が違う。小公園（square）・公園（parc）・森（bois）などと名称は異なるが、市民に身近なのは、市内に四七一カ所ある比較的狭い小公園だ。

どんな狭いスペースであっても空き地あるいは使っていない土地があれば、公園にしてしまうのがパリ市の方針。たとえ通りに面していなくても、なんとしてでも庭と遊具を置いて公園に変貌させ、こんなところに公園があったの、と市民を驚かせることもある。もっとも空き地を公園にして、という声を市当局に届かせる市民運動もさかんだ。空き地があれば、あるいは空き地になったら、あっというまに駐車場になってしまう日本と違う（写真1、2）。

管理はパリ市職員

パリの四七一カ所ほどの小公園には、ほぼ二〇〇〇個の遊具（滑り台、ブランコ、砂場など）がある。ということは一カ所の公園に二つか三つの遊具しかない小さな公園が沢山あるということだ。水辺や林がある広大な庭園もあるが、自宅から歩いて数分のところにあり、保育園や小学校の授業が終わってから、保護者と一緒に数時間過ごす場所という位置づけの小公園は、パリ市民の日常に密着しておもしろい。地域ボランティアに管理を任せる日本の児童公園との差は大きい。

公園のために働くパリの職員は二六一一六人。そのうち一三三六人が庭師の資格を持っている（二〇一〇年調査）。緑化のための職能学校も多く、造園や育種など専門技術を取得した人材に資格を与え、パリ市の定期採用に応募できる。

公園を管理するパリ市当局の職員は、朝になると濃い緑色の柵の鍵をあけ、植栽と遊具に異常がないか点検し、夕方になれば季節にもよるが五時か五時半ころに、笛をならして閉門をしらせ、柵に鍵をかける。開園と閉園の時間がかならずしも定刻でないのは、一人の職員が数カ所の小公園をうけもっているからだ。

安全は一歩さがった入り口の柵

小公園の入り口の特徴は、歩道に直接面していないこと。日本の一戸建ちの和風の家屋の玄関先には屋根があり一段たかくなっていて、そこでコートを脱ぎ雨だったら傘の雨の雫を切ってからド

右：写真１　遊具、左：写真２　ノートルダム寺院横公園砂場

アをあけるのが礼儀だ。それと似たデザインがパリの公園入り口にある。二メートルほど歩道から下がったところに入り口の柵がある。車はもちろん、歩道の通行人でさえ安全とはみなさず、一歩さがった所にある四平方メートルほどの玄関のようなスペースの奥に公園入り口の柵がみえる。その柵は大人の腰くらいの高さしかない。一歩さがっているから開け閉め直後の危険が回避できるのだ（写真3）。

柵は幼児が一人で楽に入ることはできても出るのは難しい。つまり、押すと園の内側に柵が開き子どもが入る。出る時はその柵を手前に引かなければ柵は開かない。といっても面倒な留め具があるわけではなく、柵の端がぶつかって路面側に開かないだけ。幼児にとって手前に柵を引いて出る、という動作は難しい。だから保護者にとってうれしいのは、

右：写真３　公園出口　親と相談する子ども

左：写真４　公園、入り口から透明に全てが見渡せる

一度一緒に入園したら、子どもが一人で路面に飛び出てしまうという危険は滅多にないことだ。もちろん公園の周囲は必ず細身の緑色の柵あるいは金網で囲ってあり、入り口は基本的に一カ所か二カ所だけ。どこからでも入れる小公園はない。これが簡単であり、なお基本的なパリの小公園の安全デザインだ。

パリの公園の四分の一は二十四時間あいているが、遊具のある小公園は、季節によって朝八時あるいは九時ころから夕方五時か五時半まで、と時間差はあるが、小公園は昼間の明るいときだけ使え、夜間はだれも使わないのが鉄則。

見張りベンチと保護者

フランスの子どもは十二歳ころになるまで一人で自宅の外を歩かないのが原則。登下校に保護者が同行する義務がある。両親の都合がつかなければアルバイトが送り迎えする。日本のように小学生がランドセルを背負って一人で電車通学するなんてことは絶対にない。それほどこの社会は子どもの安全を制度で保証し解決する（それほど危険な社会でもある証拠だが）。

だから公園に子どもが一人で、あるいは子ども同士で遊びにくることもない。公園の安全基準もそんな社会ルールの上にある。つまり保護者の目がとどくように管理ができることが公園デザインの基準だ。遊具を中心に置き、その遊具で遊ぶ子どもの姿が見える場所にベンチがある。大人が周りを囲んで子どもが中央で遊ぶという配置だ。しかも大人の視線を隠すような植栽や遮蔽物はおかない。できるだけ透明な空間になるように設計する（写真4）。

もちろんこのベンチは保護者にとってなにより心地のよい場所でなければならない。大人の居場所を積極的につくらない日本の児童公園より格段に親切だ。子どもを学校の前まで出迎えにいった保護者がそのまま公園でしばし子どもと一緒に時間を過ごす、という習慣にうってつけだ。大人もゆっくり休憩でき、大人の眼が子どもにそそがれて、はじめて公園の安全は約束される。

ふわふわ地面と年齢指定

遊具の下にある地面に土の色とちがう敷物がある。昔は砂地だったが、ここ数年で遊具の下をゴム弾性舗装材で覆うようになった。子どもが落ちてもほぼ怪我はしない。グレーしかなかった弾性シートに最近ベージュやオレンジ、緑などの色彩がつき、遊具のまわりの華やかさが増し公園の楽しさが際立つ。

全ての遊具には使ってもいい年齢「三歳から六歳」のようなプレートがついているうえに、六歳以上が使う遊具は三歳の子どもの足がかからない設計だ。階段の一段目が二、三段目より少し高かったり、一人で登りたくても体力がついていかない、といった設計だ。だがこれはあくまでも目安であって、安全と快適を保証できる遊具をパリ市は提供するが、遊具をつかう子どもは必ず両親あるいはそれにかわる保護者によって管理されること、が基本だ。

遊具は無料。たとえ例外的に有料の遊具であってもその安全の管理はその遊具を設置した側の責任の元にあり、業者には定期的に点検の義務がある。

いま、パリ市では障害があっても快適に遊べる、例えば車いすのままで遊べる遊具の採用がはじまった。

環境に負担をかけない

公園の門には、公園名、利用時間、利用のルール（ペット可、不可、ボール遊び可、不可など）が記してあるパネルがある。管理する職員は利用者のどんな質問にも答えるように教育されているところが面白い。あまり複雑なことを聞くと、三九七五（市の公園局の電話番号）に電話をかけてください。あるいはネットのparis.frを開いてくださいという答えがかえってくることも頻繁だが。

公園の清掃は路面よりも手入れがゆきとどき、公園内ペット禁止がほとんどだから糞に驚くことはない。砂場の手入れに驚いた。ガスのボンベを小型の車につけ、背負った道具についているパイプから蒸気をだし、砂場の砂を定期的に殺菌して柔らかにする。しかも雑草を取り去るのは、同じような道具の先端から火炎がでて、その炎で草を燃す（写真5）。この方法が一番合理的で環境負荷がすくない、という。これまでは農薬をつかって雑草をはやさないようにしてきたが、それでは環境に負荷がかかりすぎる。だから熱を使う方式は、作業としても快適で合理的だし、根の部分まで焼き切るから、季節にもよるが雑草の手入れは一から二週間に一度でよくなった、という。この方式はおそらくEUの環境基準になるでしょう、と公園局の職員は胸をはる。

小公園にある遊具はデンマークのメーカーKOMPANの製品が多い。単機能の遊具から複合した機能がつまった環境遊具が最近の傾向だ。一九七〇年に創業された企業だから四〇年以上の業績を積み上げながら、子どもの体に触れる部品には

写真5　公園清掃機器

木材、プラスチック、ゴムそして丸みをおびた造形をし、怪我を予防するデザイン思想を反映する。

公園にエコラベル

パリの公園にエコラベルがつくのは、一二の条件がそろった時だ。

(1) 植えてある植物は気候にあっているか
(2) 手数をかけずに管理できるか
(3) 変化のある景観がつくれるか
(4) 土地に負担をかけていないか
(5) 落ち葉などの再利用ができているか
(6) 環境にわるい化学薬品をやめて天然の素材をつかっているか
(7) 地面は土がむき出しではなく藁などで覆ってあるか
(8) てんとう虫などで害虫駆除しているか
(9) 散水は適度か、無駄に水を使っていないか
(10) 乾燥に強い植物を選んでいるか
(11) 雨水をリサイクルして散水しているか

写真６　パリ、分かち合いの庭

(12) 市民に植物が日常生活の宝だと教育し愛するように教育しているか

そのためにも教育、ことに子どもの教育が大切と市は考え、三歳から十二歳までを対象としたプログラムがあり、パリ市の六六三の幼稚園と小学校のうち三五〇に「教育公園」と呼ぶ公園ができた。

これが子どもの教育用であれば、大人用には「分かち合いの庭」(Jardins Partagés)がある。共同で世話する庭に野菜を植え、収穫を分かち合い、近隣が顔を合わせて楽しもう、というもの。隣同士が仲良く一つの目的をもって共同体をつくり、貧しい住人の食料にもなり、心をやんだ人々への支援にもなる、という機能のある庭だ(写真6)。

パリ市の支援はあるが実際の活動はそれぞれ地域のNPOにまかされている。パリ市の中心から距離が離れた貧しい地域一三区、一八区、一九区に多いのは当然だが、比較的裕福な人々が住む四区にも「分かち合いの庭」ができた。パリ市役所の近く、ブランマントー通り二一番地の裏だ。

「分かち合いの庭」ブランマントー公園

公園建設の市民運動から六年目、中世の風景をとどめるブランマントー公園(Clos des

Blancs Manteaux）ができたのは二〇一〇年だったが、二〇一二年には一〇〇〇平方メートルに拡張された。かつての校庭の奥にあり、環境ＮＰＯのメンバーが「分かち合いの庭」を管理している。一部は近くにある小学校の環境教育のために、月曜日から金曜日までは生徒あるいはグループが使い、そこで植物とエコ行動とは何かを学び、土日だけが一般公開。

校舎だった建物での催しは多い。子どものためのワークショップはもちろん、市民のために家電修理教室があるのはいかにもエコ市パリの行事だ。市民がもちよる家庭電化製品を専門家と市民が一緒に修理し持ち帰る。代金は好きなだけ寄付という形で。廃棄処分を少なくしようという試みだが、人気は高い。この運動はヨーロッパ全体にネットワークがある。見つけられなかった電気部品を国際的に交換しあう、といった活動も楽々できるのはＩＴ社会ならではの楽しみだ。

この公園は見つけにくい。番地の表示がある建物のドアを開けるとそこは暗い廊下。その先になにがあるかがわからない。その暗闇を抜けて庭が目の前に開ける。つまり秘密の庭、と言ったらいい。パリの真ん中、にぎやかな観光客がつめかける名所にありながら、静寂がつまっている。だがこれほどしゃれた庭があるのか、と胸をつかれるほどだ。「どこでも植木鉢」の試みがあるのもこの公園。ロバの背中に荷物を運ぶ袋を二つかけるように、袋に土を入れて鉢に見立て、植物をいれて横棒に袋をまたがせる。土地がなくても、狭いベランダでも、どこでも植栽を楽しもうという市民への提案だ。

隠れ公園

ロジエール通り（10 de la rue des Rosiers）とフランブルジョワ通り（35-37 rue des Francs-Bourgeois）の間にある公園も、なかなかみつからない隠れ公園だ（写真7）。平行する二本の路の間にある三つの館に囲まれた空間に位置し、路面から見えない。フランブルジョワ通りに面したメゾン・ド・ヨーロッパというEU広報のための事務所に入って、廊下をくぐるとやっと庭。完成は二〇〇七年だった。

フランブルジョワ通りと平行し、セーヌ側にあるロジエール通り一〇番地からの入り口には柵があり、小道が目の前に見えるが、普段はパリ市の公園看板がかかっているだけで緑がみえない。だからまさかその向こうに公園があるとは思えない。放置されていたわずかな敷地に、小規模だが一三世紀中世の塔の遺跡が残っていた空間を、見事にパリ市が公園に改修し、ロジエール側の公園とつないだのは二〇一四年だった。こんなところも公園、と驚きを覚える。できたての小公園だが、ほぼ二一三五平方メートルの緑の上に小さな遊具が三つだけ置いてある。ベンチがあり植栽もきれいだが、なにより静けさと子どもの安全は確約されている。子どもが一人で通りに飛び出ることはない。

写真７　公園、隠れ公園

この庭から三五メートルの高さの煙突が見える。パリの真ん中に煙突なんてミステリアスだが、パリはいまでも職人の街。宝飾職人がアトリエで扱っていた貴金属の削りカスを、公園の隣の館にあった組合本部（灰の館）にもってきて溶解し、回収して再利用するための炉があった場所だ。二〇一四年にその組合（灰の館）は、日本のユニクロの店舗となり、市との契約どおり煙突がそのまま内部の装飾として残った。その煙突の勇姿を外からながめるパリ唯一の公園がここだ。「分かち合いの庭」も産声をあげた。

美術館に「野菜庭園、ポタジェー」

庭だからといって観賞用の植物だけがあるわけではない。食用の野菜や果物だって植える

写真８　公園仲間クルーニュ

庭もある。ポタジェーと呼んでいたが、それはかつての王侯貴族のための食用野菜専用の庭あるいは畑だった。フランスで最高のポタジェーはルイ一四世のための畑。宴会外交の主役でもある食卓を飾る野菜と果物は国外の賓客をうならせる必要があった。だから季節外れの野菜や果物を栽培する腕利きの専門家と料理人が見守る畑だった。つまりフランス文化、いや外交をポタジェーが担っていたことになる。だから今でもその畑は料理学校の所有となって文化の後継者を育てている。当然、ポタジェーはいまでも家庭に、学校に、役所に、と様々な形で生き続けているが、二〇一四年には二つの美術館の庭にポタジェーができて市民を驚かせた。

カルナバレ美術館はパリ市の歴史博物館だが、その美しいフランス庭園だった一部をポタ

写真９　公園祭り

ジェーにし、トマト、キャベツ、カボチャを植えた。理由は美術館での第一次世界大戦百周年記念展覧会を記念して、庭に戦時中のポタジェーを再現したからだ。題して「戦争の野菜」(des légumes de guerre)。

そして中世美術館クルーニュの庭(写真8)も大変革をとげた。庭の一部に中世に食べた野菜だけを植えたのだ。展示している美術品と同じ時代の野菜、という組み合わせで美術教育の一部が庭にでた。

美術館の展覧会、あるいは展示品の一部として庭を整備するアイディアだけでも、キュレーターに拍手を送りたくなるが、カルナバレもクルーニュも庭は入場券がなくても楽しめる。展示品は屋外に出て庭の花と野菜を取り込んだ。

庭祭り(Fête des Jardins)

毎年、九月の最終土、日曜日の二日間、パリ市公園課主催で「庭の祭り」を開催する(写真9)。二〇一五年で一九回を迎えたほどの人気だ。パリ市にある植物の役割に興味をもってもらうための催しだ、という。二〇一四年のテーマは「パリの池の周りにある野生植物の発見」だった。パリ二〇区の一五〇カ所の公園の庭で、見学会、ワークショップ、遊び、コンサート、発見の旅、散策、などがあり、二〇一五年のハイライトは普通だったら見られな

写真 10　公園祭り

い館などの庭がいくつか公開されたことだ。

ワークショップのバリエーションは多様すぎるくらいだ。昆虫のねぐらを作ろう、持ち運べるポタジェーを作ろう、植物肖像をつくろう、ミニ庭園をつくろう、野菜で壁掛けを、野菜で操り人形を、植物で路をつくろう、ミツバチを救おう、花でサラダをつくろう、浮き庭体験をして浮き庭をつくろう、などなどのメニューが並ぶ。

もちろんすべて無料。材料費も参加費もいらない。だから大人も子どもも夢中になる（写真10）。ミニ庭園は四区のフォルネイ図書館の前にある公園での催しだったが、職員が用意した野菜の芽を、プラスチックの盆に植える。腐葉土を盆に盛り、好きな苗を好きなだけ好きな場所に植え、まるで盆栽のような仕上げになるように砂をまいて完成。

鉢を飾ろうのコーナーでは、アクリル絵の具で文様をプラスチックの鉢に描き、その鉢に苗を植えた。近隣の市民は笑顔と歓声が絶えない午後を過ごした。

公園は植物があり、遊具があり、子どもが遊ぶだけの場所ではない。パリ市は公園を植物への関心を高め、緑が都市にどれだけ必要かを教育する場とした。もちろん「分かち合いの庭」は近隣との付き合い、ミキシテ・ソシアルの現場になりつつある。それだけ市民の心を一つにする仕組みが必要な都市だからだ。

9

野生の側に立つ

人間の実寸から

いきなり二メートルもある木の棒を片手に現れたエドュワード・フランソワ（Edouard François）。

「ここに刻印があるでしょ」といいながら棒を見せ、「手、こぶし、肩の幅、腰、背丈、脚、など体の部品と関係する位置に赤い線が刻んであるんです」。手垢がつき、けっして建築家が他人に誇らしげに見せてもいい道具とは思えないが、エドュワード・フランソワは二十二歳の時からこの棒を手放さない、という。これがあるから仕事になる、とお守りのようだ。庭に面している事務所にちがいないが、コンピュータで図面に向かう職員は一人も見えない作業場だ。模型をつくる白い発砲スチロールもない。木材ばかり。家具の試作か、建築物の一部か、木の造型物が散乱し埃が舞い上がる。

「空間なんかに興味ないね。人間の寸法が最も重要なことだから。いつでもこの棒で計って、寸法を決めるんだ」。コルビュジエの影響ですか、と聞くと「いやコルビュジエとはちがいます。モデュロールのような美とはまったく関係がありません。この寸法は黄金比とちがって、人間の実寸です。実寸でなければ意味はありません」と建築に美的プロポーションより人間の原寸が必然的につくるプロポーションが大切、との姿勢を強調する。

「たとえば、これ」と次に持ち出したのがシンプルを通り越した木でできたベンチ。「だって六人が座る椅子を用意したら、この部屋一杯になるでしょ。この二人がけのベンチだったら、三つあれば充分。しかも掛け心地は最高」と自ら座ってみせる。二〇センチ×一〇〇センチで厚さ五センチの板に、Y字の脚が二本ついているシンプルなベンチだ。柳宗理（やなぎそうり）のバタフライ・チェアをこよなく尊敬するエドュワード・フランソワは、日本への尊敬も隠さない。屋久島までいって樹木を見、触れ、そして苔まで採取して持ち帰った。彼は植物の専門家でもある。

一九五八年生まれのエドュワード・フランソワは、二〇〇〇年に完成した「成長する家」、二〇〇四年の「フラワー・タワー」、二〇〇六年の「バリエール・フーケ・ホテル」、二〇〇九年の「エデン・ビオ」などなど、それぞれ全く違った手法のスタイルを駆使して、エコ建築家、いや意表をつく建築家として市民から評論家までを驚かせた〝野生の側に立つ〟と自称する建築家だ（写真1）。

「緑」は「自然」ではない

「バリエール・フーケ・ホテルとエデン・ビオという対局にある二種類の建物を同時に設計するなんてムチャクチャでしょ。一方はシックな金持ちのための建物のファッサードで、もう一方はその正反対に貧しい人々の公団住宅。なぜそんなことができるかといえば、仕事とは問題の内在性に答えること、つまり生きていることの限界にこたえることだからです。与えられた土地に、そこ以外にはない特別な計画を提案すること、それが仕事だからです。だから貧しさと豊かさ、そんなことは仕事とは何の関係もない。どちらも意欲をかきたてます」とエドュワード・フランソワは語る。

彼は戦略的に緑あるいは植物をつかう。緑が注目されるようになり、持続可能な社会というスローガンに歩調をあわせてさかんに、だが軽々しく、緑化は推進されてきた。ところが緑を選択する時には、全体的な状況を把握し、なおそこに緑の意味があるかどうか、を考慮する。なにがなんでも緑から出発することは絶対にない。「緑」は「自然」ではない。だから緑がなくてもいい、という結論に至ったこともある。

例えばバリエール・フーケ・ホテルはまず植物のファッサード（外装）をつくってくれ、という依頼だったが、彼はそれを断った。

「なぜなら、シャンゼリゼやジョルジュV通りに面して緑の存在は意味がないから。緑は、土地がどんな状況にあるかを把握し、住民の密度、季節感、などが問題を抱えている時の解答です。フーケと反対にパリの一七区にあるタワー・フラワー公団住宅では、中央にある公園の緑をそのまま延長してアパートに登らせて緑の遠近感を生んだら、すばらしい景観の住宅が生まれる、という土地特有の状況があったのです」、と彼は言う。

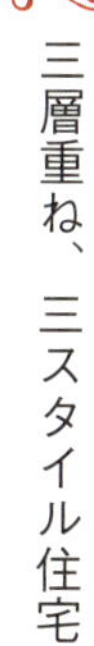

三層重ね、三スタイル住宅

エドゥワード・フランソワの公団住宅の設計は数限りない。その度に賞賛と非難が巻き上がる。例えばパリ郊外にあるシャンピニー・シュール・セーヌという、貧しい地域再開発で一一四戸の住宅を手がけた時には、三種のスタイルの住宅、長屋型、小型一戸建て型、館タイプの三つを同じ敷地に上下に三層重ねてしまった（写真2）。

写真1　野生の側に立つ、エドゥワード・フランソワ

「いいでしょ、この誰も知らなかった場所、地元では悲惨な、とさえいわれていた土地にこのアパートが完成したおかげで、メディアがとりあげ、だれもがこのアパートを話題にし、有名になり街全体のイメージが上がった。美しいかどうか、なんて問題じゃない。住んでいる街角が他者から認められるだけでもいい」

見捨てられ、そこに住んでいることが恥ずかしかった住人が、誰もが知っている土地になったことで、誇りが持てるようになった。これもまた意図してできたのか偶然だったのかさえ議論される、異例のデザインだが周辺の住民が満足した、という結果は市当局にとっても朗報だった。

写真２　３種コラージュ

柔らかいダウンコートのアパート

グルノーブルにできたスキン・ウォール（Skin Wall、六八戸の公団住宅。ＥＵからの資金援助があり、二〇一〇年に完成）では、ポジティブ・エネルギー住宅を目指して、柔らかい外装と固い外装、という二重の外皮を組み合わせて、問題を解決した。つまりポジティブ・エネルギーを得た。選択肢は二つあったが、選んだのは美しくない外観のほうだった。きれいな建築にあまり興味がないエドュワード・フランソワはまず省エネを優先した（写真３）。

断熱材は、普通コンクリートのような固い素材でできた壁の内側に貼る。ところがスキン・ウォールでは、外側に断熱材を置いた。

伝統的な固いコンクリート外装の上に、柔らかくて、水が染み込まなく、断熱効果のあるリサイクルできる皮膚のようなシートをかぶせた。いまだかつて誰も試みなかった建築の外装だ。窓際への断熱効果は非常に高くなった。シートの開発には時間がかかり特別な研究が必要だったが、ＳＩＫＡ工業（特殊ゴム糊）の助けがあって実現にこぎつけた。だがなにより困難だったのは、初めての柔らかい外装材だったから建築基準をとりしきる管轄所の承諾を得ることだった。

薄めのグレーのダウンコートを着込んだアパートを想像するのは難しい。だが窓の周りを

写真３　スキンウォール、グルノーブル

取り囲むのはまさしく柔らかなダウンの外套。異色なデザインの断熱効果は大きかった。

パリではじめて、空に緑を描く

二〇一五年に完成予定のM6B2塔（パリ一三区）は、生物の多様性をめざすパリで最初の緑のタワーになる。これもまた非難と評価の間を揺れ動いた（写真4、5）。というのは、一八八九年建設のエッフェル塔の建設当初の非難は激しく、取り壊しさえ計画にあったほど、市民はタワーがきらいだった。一九七二年に完成したモンパルナスの塔が景観をだいなしにした、という批判があり、以来パリ市は建造物の高さを三七メートル以下にしてきた。ところが二〇〇八年、元ドラノエ市長は市の外縁に近い六カ所に限って一五〇から二〇〇メートルの商業施設と高さ五〇メートルまでの住宅建設許可をだした。そのチャンスを狙って様々な提案があったが、エドュワード・フランソワは高さ五〇メートルの緑の公団住宅建設許可をパリの一三区で得た。もちろん区長の依頼で。郊外に近い場所だから、モンパルナス・タワーのように緑のタワーのせいでパリ市の建物が見えなくなる可能性は低いが、パリ市内のタワー計画は物議を呼ぶ。

このM6B2タワーは、今まで見たこともない不思議な建物だ。酸化したチタン（日本で

上左：写真４　M6B2 緑の塔モデル、上右、下：写真５　M6B2 緑の塔建築中

実験、光線の変化で色が変わる）で覆ったパイプの表面に溝をつくり、そのパイプに土を入れ、そこに野生の植物の苗木と種を植え、パイプを地表そして各階に差し込み、自動給水器から水を補給する設計だ。高さ五〇メートルのタワーの全面緑化が次第に完成し、風が吹き、雨が降り、鳥がきて、その植物の種がまわりにあるパリのエコシステムを改良する、という途方もなく長期の計画だ。しかも中にアパートがあるから、もしかしたらこの住宅建設に終わりはないかもしれない。

緑のタワーのあだ名は垂直カメレオン。チタンの表面の色が変化するからか、あるいは千変万化する仕事スタイルのせいでエドュワード・フランソワについたあだ名がカメレオンだからか、はっきりしない。このカメレオンは環境に影響を与えるだけではない。社会福祉的な役割もある。一四〇戸のうち、九二戸に若い労働者むけの公団住宅が入り、地下に一一七台分のパーキング、一階に商店と保育所がある。五〇メートルのタワーは、パリで最初の緑にあふれた塔になる。いや樹木が壁から生えたタワーになる。「成長する家」（後述）の成功が、この計画を許したにちがいないが、ある意味では伝統的な建築、あるいは都市計画に対する挑発といえよう。チタンという高価な素材を使ってもいいか、という批判にフランソワは「値段なんか問題ないね。チタンって鉄鋼以上の強度があり、鋼鉄より軽くて錆びる心配がないから、メンテナンスも楽だ。しかもこれほどリサイクルに向いた金属は他にない。だから万が一エアーフランスが航空機に使いたいと言ったら，喜んで差し上げますよ」と笑顔で答える（フランスでは二〇一四年にチタンリサイクルの組織が設立した）。

あらゆることがチャレンジの対象になるエドュワード・フランソワの建築。チタンパイプに土をいれ、種を入れ、地面に差し込み、給水する実験はまずナントで成功させた。それほど、大胆な提案をしながら、実は進行は用心深い。M6B2タワーは空に虹ではなく、空に緑を描く住宅でもある。

竹の公団住宅

タワーフラワーと呼ぶ公団住宅が、パリの北一七区（23 rue Albert-Roussel）にできたのは二〇〇四年。パリ市が集中再開発するザック・アニエール門（Zac de la porte d'Asnières）という大きな緑地公園を囲む公団住宅八棟（一〇階建て三〇戸、地下に三層の駐車場がある）のうちの一棟。建築家のエドュワード・フランソワのデビューにもちかい建築だ。

使われなくなった鉄道路線があり、貧しかったパリ市の地域再開発の一つに植物で囲まれた館を造ってしまった。このザック全体の景観計画は建築家ポザンパルクだったが、彼はまだデビューしたばかりのエドュワード・フランソワに設計のすべてを任せてくれた、という。

「いつか緑がいっぱいのアパートをパリに造ってみたかった。なぜかといえば、アパートのベランダに市民が出て、かいがいしく鉢植えの草木の手入れをしている姿をみるにつけ、これは都市での英雄的な行為ではないか、と思ったからです。パリのベランダで草花を楽しもうと思えば、水おけを持って部屋から部屋へと、そーっと歩かなくてはいけません。しかも鉢は小さく、土だって良くないことがほとんどです。もしも、そんなパリという都会の植木に便利なバルコニーがあったら、きっといいだろう、と考えたからです」という建築家、エドュワード・フランソワは、頭に浮かんだアイディアをそのまま、アパートの三面に高さ八〇センチという大きな鉢三五〇個を配する事で解決した（写真6）。

大きな鉢だから重くなってベランダに負荷がかからないように、アパートの外壁と同じグレーの軽いセメントを選んで鉢を造った。植えたのは竹。ポルトガルまで行って一三〇〇種類の竹から選んだのは、周りの環境にあう、三〇〇〇メートルの高度でも育ち、風に堪え、寒さに強い種類だった。

ベランダの竹は温度と風と光線を屋内に運ぶ。自動給水にしなければ、住人の気遣いの差がそのまま竹の育成とアパート全体の調和にかかわる。だから鉢をバルコニーに固定し、水をパイプから流す仕組みをつくった。もちろん住民が勝手に鉢を動かしたり、風で倒れない安全のためでもある。鉢の位置を窓の前にして、ガラス窓を開ければ一緒に植えてある草の香りも運んでくるようにした。それは同時に窓から住民に笹の葉の揺れる音も届ける。大きな鉢に植えた竹は、風、光、気温の調整、香、音、を住民にとどける。

完成から十年以上が経過した。竹は半分近く枯れたこともあったが、現在ほぼ八割の竹が

上：写真６　竹の公団住宅、下：写真７成長する家

緑の葉をそよがせている。

「成長する家」森になる集合住宅

地中海から一〇キロほどのフランス南部にあるモンペリエの勇気ある金持ち六四人が、夢と現実がバランスよく共存する、エドュワード・フランソワ（Edouard François）が設計した「成長する家」を入手した。食事に、仲良しの会話に、恋人との暮らしに似合うベランダがある住宅だ。林に包まれた小屋のようなベランダ、まるで戸建てのようなベランダ、木材でできた多彩なベランダが目をひくアパートだ（写真7）。

ベランダが主役の他に驚きは、「成長する家」の表面が岩石を針金の網で包んだブロックで覆われていることだ。まるで恐竜のウロコのように見える外装。岩とセメントを金網でくるみブロックをつくる。その裏側に腐葉土を主体とする肥料を加えた土を入れた袋を置く。植物の種や根をこの両方に入れて、登山家に依頼してブロックを積み上げた。そして自動給水器をつくり、金網ブロックの全面にパイプをめぐらせた。

アパートの正面の寸法は、幅七五メートル、高さ七階建て。正面はレ川（Lez）に面し、もう一方は庭に面している。

凹型の庭のようなベランダがこのアパートの魅力の中心だ。そこに樹木の枝や花が侵入する。木材でできた屋根がない凹型バルコニーは一五平方メートルしかないが、夏のリビングとしても充分だ。

アパートの低層階の岩は大きく、上層になるにしたがって小さくて軽く造ってある。表層部の暗い色の岩に樹木の葉の明るさがコントラストとなるようにもデザインした。

「自然に生えてくる植物が大切だね。世話をしなくてもいい、ということは同時に何もしなければ自然にそこに種が飛んできて生える雑草が主体になることが大切です。だからまず、それを許す環境を造ってやるのが私の仕事です。例えばこのベランダ。最近のベランダには透明なガラスをよく使いますが、あれはよくない。だって身体をあずける、っていうことを許さないでしょ。だからアパートのベランダは木の柵をつかったんです。人間の手がそこに当たっても暖かいでしょ。木材は身体に近いのです。だからベランダで食事したって楽しいでしょ。ガラスのベランダで食事したい、と思いますか？」

高価なチタンを使って

日本の３・11を例に、「エネルギーと電力についてはどうですか、エレベーターが動かなくなった高層建築については、どんな対策を建築家として提案しますか」と質問してみた。

「それは建築家の任務ではありません。プロモーターがどう考えるか、どこに投資するかにかかっています。安全もそうです。建築基準という安全基準以上のことに建築家が関わるわけにはいかないのです。

技術の問題ですが、団体、自治体、プロモーターの見識にかかわることです。資本投下の目標をきめるのが彼らの役割だからです」と、建築家の力が及ぶ範囲の外にあることについては言及しなかった。

「でも今提案しているのはインドの高層建築。といっても安い家賃の。ベランダを下も上も同等に所有し、平等に太陽光線を満喫しましょうという建物です。平面だけでは限りがあります。でも高さを稼げば、設計で可能になるのです。よく私のことをエコロジーに特化した建築家と表現しますが、それは正しくはありません。時代の要請にあっただけなんです。コルビュジエをモダン建築のパイオニアと言いますが、これも正しくはないんです。他にも沢山モダンを思考した先輩がいます。コルビュジエはただ時代が生んだ建築家にすぎません。私の仕事は環境、人間、建物の関係をつくることです。空間とか風や光なんかを個別に研究したってしかたがないじゃありませんか。総合作用こそ大切だからです。全体をみることですね。ローカリティー、ジオグラフィー、エコノミーを総合的に判断することが重要です。いまチタンの板を使った建築を造ってます。高価ですが、価格なんてどうでもいい。リサイクルっていいますが、チタンこそリサイクルに相応しい素材じゃありませんか」と、五十年先を見通した夢を語る時は彼の目が輝く。

パリの長屋（エデン・ビオ）

パリの長屋は、わがままで野性的、大人が描いた子供の絵のように、やりたいことが詰まっている。野生の側に立つ建築家、エドュワード・フランソワ（Edouard François）が、エコ建築家として出発するきっかけとなったこのアパート群を自らエデン・ビオ（Eden Bio）と命名した。だが長屋と呼んだほうがいい。市民が寄り添って暮らすのに相応しい住居群だからだ（総数九八戸、アーティスト・アトリエ一一戸、駐車場五二台）（写真8）。

それは二〇区のペーラシェーズ墓地の近くにある。パリはノートルダム寺院があるシテ島を基点にかたつむりのような右巻きの渦巻き状に一区から二〇区まで行政地区が配置されている。だから最後の二〇区はパリの東の端。戦後フランスの植民地からやってきた移民が、自ら建設労働者として働き、暮らしてきた豊かとはいえない地域だ。二〇〇〇年ころまで廃墟も同然だった路地がいくつもあったところだった。このプロジェクトには三の目標があった。エドュワード・フランソワの言葉を再現すれば次のようになる。

1　この土地を尊重すること

ここは、パリの市民の日常を撮影し続けた写真家ドアノーの作品のような歴史ある土地だ。

無秩序だが、無欲な人々の生活をそのまま反映する建物がそこにあり、行き止まりの細い路地は、この土地に葡萄や野菜が栽培されていた歴史を語る。だから小径の上に建物は建てない。このパリの端にある土地特有の一直線ではない建物の並びをできるだけ再現しよう、と思った。計画はあっという間に決まった。この敷地の中心に植物の島をつくろう。その周りに小型の家屋を、だれもが知っている様々な素材をつかって建てる。仕上げなしの木材、レンガ、トタン、コンクリート、などで。エデン・ビオにつかう素材は多様だが、一番のポイントは自然とのバランスだ。

2　儀礼の場はいらない

ブルジョワの建物には入口にホールがあって、大きさや広さ天井の高さ、装飾品などが建物の権威を表す。だがここにはそんなものは必要ない。それより住宅にそれぞれ門をつくろう。二軒に一つずつある門をくぐって自分の建物に入るようにして、プライドを感じられるようにした。ホールなしの共同住宅案が中央にある建物になった。門を入って階段がある。その階段は植物に取り囲まれながら、建物から少し離れて立ち上がり、三階まで続く。

3　村のような建物群を包む

造園といったこれまでのような植物を選んで植えたり、形を造ったりはしない。外から飛

写真８　パリの長屋、戸建てとアパートが向かい合う、木の階段で

んできた雑草の種で自然に庭ができること。そのために、土をオーガニックなものに入れ替える必要があった。だが藤だけは高さ数十センチのものを植えた。その結果三年後に六メートルにまで成長した。

4　植物で

発想の基本には、まずアパート全体をどのように包むかがあった。木材、草、樹木など生きている素材がその主役である。屋根に断熱用の草、階段とアパートの正面に横木でできた木材をふんだんに貼ってCO_2を封じ込め、樹木の緑で断熱と暖房をして、そして雨水をリサイクルしてトイレと緑に利用する。これが全体計画の原点だ。

避難階段に見えるジグザグ階段は、単なる階段ではなく包み込みの素材だ。もちろん三階まで登るためだが、この階段に面している各部屋を包むカーテンあるいはベールでもある。アパートの前面に横に貼った隙間のある木材は、窓からの距離がわずかしか離れていないがベランダでもあり、換気を助ける。しかも、表面仕上げをしない松の角材が、縦横や斜めに乱暴にみえるほど取り付けてあるのは、植物の蔓をからませ、長屋全体を緑で覆うための仕掛けだ（写真9）。

中央の長屋の路地に沿って丸木の柵が続いている。農場を囲う柵に似ているが、その一部分に組み込んである門を開けて、玄関に、あるいは階段を登る入り口にゆきつく。柵はカーテンのように長屋を周りから仕切り、庭を囲み、植物の皮で生活空間を守る。つまり木材と緑という機能の異なる数枚のベールで長屋の生活を包んだ。このベールは時に緊張を強いるが、同時に安心と安全を呼ぶものでもある。

5　土地の記憶を残す

ここにはかつて葡萄畑があった。その地形がすけてみえる畝のような細い道をそのまま二本残した。この二本の路地の真ん中に背中合わせにジグザグ階段のある三階建てのアパートを、それに面した両側にも高さが少しずつ違うトンガリ屋根の小さな家並をつくり、合計四棟がパリの長屋の基本構成だ。むろんこの路地に迷い込む路地に面した古い建物、歴史が詰まっている通り抜けできない道や小さな庭に面した住宅などを壊すことなく、わずかな表面の改修をして新たなアパート群にとけこませ、改修予定地域全体を同じ手法で包む、いや良く似た雰囲気に染めあげる、というやさしさがこの長屋の成功の原点だ。

間口六メートルほどしかないトンガリ屋根の一軒家は、それぞれの表面がレンガ、トタン、銅、セメントなど、素材の色と触覚感が交互に変化する。ザラザラ、ツルツル、ピカピカ、ゴツゴツと視覚効果がゆれ、都会の真ん中にいるのにパリ郊外に広がる小さな別荘群のような風景に見えるのは不思議なことだ。戸建ての家に住む男性は「一階にサロンと台所、二階に浴室とトイレと寝室、三階に三寝室、というレイアウトで家族が四人住んでますが、狭いわりには静かで心地いいですね、家賃が安いのもうれしい」と語る。日本の公団住宅では味わえない贅沢な空間だが、フランス人にとっては大きな屋敷ではない。

6　オスマンのパリに対抗

近代都市の典型となった十九世紀後半のオスマンのパリ大改造では、大きな道路を通し、路地を消し、市民の広場を演出し、アパートの部屋は中庭を取り囲む、といった権力を象徴する構造をつくった。しかも調和を求めてパリのアパートの様式と色彩、屋根の高さを均一にし、華の都を完成させた。

だが建築家エドュワード・フランソワはその手法に真っ向から対立する。それぞれ違った色と素材の色を使いながら、路地越しの付き合いができるアパートを好む。彼はある日学生を前に「狭い、あくまでも狭い路地が大好きだ。エントランスのホールなんかいらない。エレベーターなんかいらない。小さな家がある迷路のような街角。そこにこじんまりとした庭があって、上質のセメントでできているカンティレバーの小窓がある。その窓から外をのぞく度に人は厚い壁に囲まれている気分になり安心する。窓のロールカーテンだって規則正しくレイアウトされているわけではない。偶然のレイアウトだ。内側か外にいるのか、その中間にいるような感覚は、すでに階段で感じるはず。台所やリビングからそのまま階段にでる感じもするし、階段からそのまま台所やリビングにつながっているような気分もある。こん

写真９　パリの長屋、中央路地で

な空間にはおそらく緊張もあるだろうが、でも確かなことは隣の人との出会いがあることだ」と語っている。だれもが何気なく通り過ぎる道や突き当たりの道があり、いつのまにか馴染みのだれかの家に帰ってしまったり、誰かが待っている、隣人の気配がある場所に行き着く、そんな住宅群、長屋がここにある。

7　長屋は人間とデザインのミキシテ

何区にお住まいですか、といった会話で貧富がほぼわかるパリ。一六区と二〇区では雲泥の差がある。だが建築家はこの長屋で混在を主張した。つまり貧しくても、豊かでも、あらゆる階級とあらゆる人種の人々が住む長屋をめざした。だが彼が請け負ったのは公団住宅。中産階級以上が望んで住むことはまずない。フランスで中産階級と呼ぶのは子どもの数によって異なるが、子ども一人の家族で月収二七七三ユーロ（三七万円）から四八九〇ユーロ（六六万円）くらいを指し、ほぼ人口の五〇％くらいという。

だから収入の上限をあげてこれまでとは違った人口構成にすることになった。国家が決めた最低月収（十八歳以上の労働者が一週間に三十五時間働き、時給九・一六ユーロ）が一四五七ユーロ（二〇一五年、一ユーロ一三五円として、約二〇万円）のこの国で、夫婦と子ども一人の家族で月収二六六六ユーロ（約三六万円）から五五七〇ユーロ（約七五万円）の収入がある人々のための住宅を九八戸、そしてアーティストのためのアトリエ付き住宅を一一戸つくったのは、地域の文化にとって快挙だった。住人であるアーティストの活動が地域に活力を与えるからだ。日本の都営住宅入居のための年間収入上限が、およそ五〇〇万円だから、パリ市との差はあまりない。市が望む月収以下でも、子ども手当や住宅手当などの補助がある社会だから、入居者の幅は広がる。

フランスでは一九七〇年代からバンリュー（banlieue）シテ（cité）、そして一九九〇年代からミキシテ（MIXTE、混在）という言葉が頻繁に聞かれるようになった。パリ郊外（banlieue）の多様な移民の貧しい子供達が、同じ民族同士で住んでいる街（cité）から犯罪が頻発する、といわれた。だからこの社会問題を解決する方法の一つが、複数の階級、複数の民族、そして貧しい人も金持ちも、同じアパートに住まわせることだった。つまり階級と民族、そして貧富の混在、ミキシテがこのエデン・ビオ計画の目的でもあった。

建築家が望んだ混在は人だけではない。デザインの混在、多様であることも最初からの主張だ。どの部屋も同じ色と素材で、同じ風景を眺める窓しかない一九六〇から七〇年代の、採光と快適性を合理的に求めてきた白くて四角い建築を真っ向から否定するものだ。だから野性的な柵とジグザグ階段、トンガリ屋根と複雑な素材を使い、デザインの混在を主張する。前パリ市長ドラノエはこの長屋の完成式で「我々はパリの真ん中で田舎にいるような気分だ。社会的な意味のある安い家賃のアパート建築が、予算を抑えても質の高さを約束できる証拠がここにある」と挨拶し、まだ緑が何もないのに、パラディ・ビオ（バイオの天国）と呼んだ。この言葉がきっかけでエデン・ビオという呼び名が定着した。素材と工法が安上がりでも、ここは人も形も素材もパッチワークのように混じり合って住む，あらゆる意味で混在の長屋だ。

8　都市に田舎を、長屋は緑に

植栽を管理するための薬品を一切使わない土を選び、手間がかからない草や樹木を選んで植え、雨水を土にリサイクルする設備をつけた。だからだろう。藤は五年経過して蔓が三階までのび、春を待って白い花が咲きはじめていた。日本のように棚をつくり花を下げて下から眺めるのと違い、支柱に沿って上に上にとのびるにまかせる管理だから、下から眺めても、上から眺めても花がみえる。植物は夏の日陰を呼び、冬には太陽光線をいれる。住人の女子高校生は「階段が正面の窓の前にあるから、プライバシーが損なわれる気分は時々ありますが、窓から斜めの緑のカーテンがかかっているように見えることがあって面白い」と語り、友人と一緒に自転車を抱えて階段をおり、走り去った。彼女達が快適かどうか、を聞きそびれた。

すでに触れたように、都市の真ん中だからこそ積極的に野性的でセルフメインテナンスの植栽環境こそ大切だ、と主張し、都市に田舎を持ち込むエコ建築家は、フラワーポットというパリ一七区にある公団住宅全体のベランダを高さ一メートルを超える竹を植えた鉢で埋め尽くし、モンペリエでアパートの壁から草がはえ、樹木でさえ成長するにまかせる住宅を成功させた。ここエデン・ビオでは藤が主役だが、かつて植わっていた葡萄も見える。あえて庭師の手間をかけなくてもいい植栽環境が必要なのは確かだ。住人の手入れがなければ植物が枯れてしまうようであれば、全体のバランスがまたたくまに壊れる。その配慮が全面的に実ったわけではなかったが、全体の六割程度の緑は生き生きとしていた。長屋全体が緑のカーテンに囲まれるにはまだ時間が必要だろう。

入居は二〇〇八年十月だった。四棟が並ぶ長屋とその界隈は，離れて観察すれば島のようだ。

長屋のまわりにある比較的広い道から路地に入る場所に鉄の門があり、その門のドアは鍵がかかっている。だれもが自由に入れるわけではない。住民だけに開かれた長屋だった。顔見知りの住人しかいないとはいえ、外部からの侵入者に用心しなければ生きていけない、塀や柵で防御してきたヨーロパの共同体の歴史がそのままこの長屋にも残っていた。いや、このエデン・ビオを閉ざされた一棟のアパートとすれば、玄関のドアをいつでも開けることができるのは鍵をもっている住人だけ、という慣習を、青空が広がっている空間、エデン・ビオにそのまま当てはめたのは、やはりヨーロッパという宿命だろう。日本の開放的な村では想像もできない防御の仕組みがここにもある。

ペーパー建築家だった

エドュワード・フランソワは、建築、土木、造園を同時に学んだ。二十四歳から二十九歳まで仕事が全くなかった時、総面積一八平方メートルもデザインしたペーパー建築家だったという。エコロジーが叫ばれるまで彼が発表する建築案に興味を示す企業はなかった。植物を専門に学んだ不幸な時代がなかったら、いやエコロジーが叫ばれなかったら、注目されなかった建築であることも確かだ。自然、植物から発想する建築家だ。カメレオン建築家と呼ばれることもある。というのはシャンゼリゼ近くにある高級なバリエール・フーケ・ホテルの一部正面のリニューアルのために、上質のコンクリートで一九世紀のオスマンスタイルの様式を見事に二一世紀に向けて演出した建築家だからだ。その不思議な表面装飾は驚きのできばえだ。まさか、こんなリニューアル方法があったの、と誰もがショックを受けた。

エドュワード・フランソワは一方でコルビュジエが使った荒削りな手法を、もう一方ではイタリのアルテポーヴェラのジョバンニ・アンセルモの初期作品のような素材感で建築をする、といってもいい。塩化ビニールのような貧しくもポピュラーな素材と銅のような高貴な素材を同等に使い、高級な素材をコンクリートと並べ互いに遜色無く住宅を包み込む。都市計画に階級を持ち込まない。密度が高いことと低いこと、外と内側の境がない、といった柔軟な空間をつくったこの建築家はローカルでありながら、グローバルな建築を試みる。

バリエール・フーケ・ホテル：一九世紀を二一世紀に翻訳

建築年がちがうアパートを買い取ったフーケ館のオーナーは、全部で七棟あるアパートをフーケ・ホテル（パレス）と呼ぶにふさわしく、一体感のある外装（ファサード）にせよ、というコンペをした。カフェ・レストラン・フーケは、シャンゼリゼとジョルジュV通りの交差する三角地点にあるパリを代表する店舗の一つだ。その建物の外装はパリを象徴する一九世紀オスマン時代の古典的な様式だったが、それ以外のアパートは一九七〇年代のものだ。だがこの一九七〇年代の建物は一九世紀様式、オスマン風のコピーだった。そのコピーを建てたのはすべてフランスを代表し、名誉あるローマ賞を受けた建築家ばかりだ。だからたとえコピー様式であっても、有名な建築家の手になるファサードに手をつけるなんてタブーにも近かった。恐れ多いことだったのだ。だがコンペに勝ったエドュワード・フランソワは新たなオーナーを説得して、偽古典建築様式ファサードの全てを新たな偽装衣装で着せ替えてしまった。

「ファサードだけやれっていうのは建築家にとっても名誉なことじゃないよね。だって空間を設計するのが仕事なんだよ。ファサードつまり上着だけをデザインしろ、というわけだから。でも引き受けた。面白い事をやってやろう、と思ったから。もちろんコンペで勝ったから、クライアントには大方の了解が得てあるはずだった。伝統的な装飾でできている部分を「カット・アンド・コピー」で壁をつくり、穴を開ける（Murer Trouer）という手法で処理したのさ。基本は素材。素材感がありその加工技術が厳密、詳細、緻密であれば、スレートの石のような色、つまりモノクローム の素材感の背後で形は消えてしまうからさ。その色彩を「やり過ぎ」といいてもいいいほど、でも控えめに、コピーして貼ったのさ」と語っている（写真10）。

窓、窓枠、屋根とその装飾、それらをグレーのコンクリートパネルで造る。作業は単なる模倣ではなかった。先進の技術をつかって伝統を新たに翻訳する作業だった、といえるだろう。コンクリートパネルの大きさはパリで使っていた古典的な石材の大きさと同じにしなかった。だがグレーの濃淡は古典だった石の存在を忠実にトレースしながら、機能を裏切り、伝統的なオスマン時代の造形に至る、という不思議を実現した。だれもが想像しなかった、新たな建築手法だ。例えば窓。オスマン時代の窓をパネルで厳密にコピーし、すでにある壁に貼る。だがその窓は形式だけで開くことも閉じることもできない。その偽の開かない窓の位置とはほとんど関係なく、ステンレスのシャープなガラス窓を壁にとりつけ、これは上下に開閉する、インテリアにつながる本物の窓だ。伝統的な偽装窓をこの横長のシャープな窓につなぎ、フーケ・ホテルの外装は一九世紀から二一世紀へと軟着陸する。

写真 10　バリエール・フーケ・ホテル

「インテリアがどんなスペースになっていてもかまわない。私は基本的にインテリアは担当しないからです。二一世紀の窓は外装のデザインに必要な位置にある、と言ってもいいでしょう」と偽装窓とステンレス窓との関係は機能と関係ない、と大胆な発言をした。とはいえ外観からみえるオスマン風の偽窓と新たな窓との関係は、改修後のインテリアが昔とはちがう、ことを外装で表現しているだけ、といってもいい。とはいえ古めかしいファサードに対する攻撃でもある。既存の権威であるオスマン様式に反逆しながら、結果として新たな二一世紀的最先端の権威様式に至る、という大胆な造形だ。「壁を作り、穴を開ける」という単純な手法で、古典建築というパリを代表する神聖な様式を蹴落とし、卑猥化し、壁紙の3Dをつくって、エドュワード・フランソワは、フーケにアイデンティティーを与え直した。

いや、その真価は基本的なアイディア、方法論のオリジナリティーだ。過去の継承と建築の現代的な関係について、多様な解釈あるいは多面的な翻訳方法があることに導く作業だった。もっと簡単に言えば、伝統をどのように新時代に受け継ぐか、の答えの一つがここにある。

高さは皆のため、太陽は皆のグリーン・クラウド

エドュワード・フランソワがいま情熱をこめて設計しているプロジェクトが、「高さは皆のため」〈LA HAUTEUR POUR TOUS〉だ。この実験も現実かユートピアかの議論の真っ

最中。パリでベランダのあるアパートの九階に住んでいたエドュワード・フランソワは、ある日エレベータには自分の階の上に八個もボタンがあることに気がつき、いつかその最上階に住みたいと、ウエイティングリストに名前をのせて待った。やがて最上階一七階を手に入れ、そこがどんなものかがわかった。信じられないほどの景色の良さはもちろんだが、それより光がすばらしかった。その時浮かんだアイディアが「高さは皆のもの」だった。つまり最上階の住人だけが太陽をひとりじめにするのではなく、だれもが、たとえ低層階に住んでも最上階と同じ太陽光を受けられる、という設計が浮かび上がった。アパートの低層階から順番に、高層階のベランダの使用、あるいは所有ができる、という仕組みを設計提案したのだ。最上階のベランダが最低層階の住人のもの、というルールだ。光は分かち合うべきだからだ。

この奇想天外な建築がはじまった。場所はフランスの南東、リヨンの近くにあるグルノーブルだ。冬寒くて夏暑い、という気候条件に建つ公団住宅のために。エコシティーにふさわしい、これまでになかった省エネルギー設計を求めた。それはアパートのベランダが熱を逃がすコンダクターとして働くと判断することから始まった。だから個々の住居にベランダはなく、アパートの上階にそれぞれの階に住む住戸のベランダをつけた。光の共有だけではない、住んでいるアパートの階数で金持と貧乏、という階級差別をも破るべきだったからだ。だからベランダと住空間とのこれまでの関係を断ち切り、ベランダは高層階の屋根の上につくった。言うならばグリーン・クラウド。三五平方メートルほどのベランダには夏用のキッチンがあり、トイレもある。だからグリーン・クラウドは新たな別荘のような機能を果たす（完成予定二〇一七年）。

エドゥワード・フランソワの発想は、平面には限度があるが、高さに限度はない。だから高さを利用すれば景色と光を均等に利用できる、という平等の思想からはじまった。住んでいる階数で貧富の差があったとしても、ベランダでそれは取り戻せる。

グリーン・クラウドを思いついたのは、パイナップルを見た時だった。中心の固い芯は、エレベータ、果実部分が各階のアパート、そして頭部の葉っぱの部分が緑があるベランダ、というふうに。だから、かっこうよくグリーン・クラウドというよりパイナップル計画、と呼んだ方がいいかもしれない。グリーンクラウドは貧富の差が、光と景色の享受の差でもあったのを、高さで差別を解消する。しかもベランを各階から離すことでエネルギー効率が増す、というのだ。

計画すべてがこれまでの建築概念からかけはなれ、非難を受けながらも、見事な実績を積んできた。「形なんでどうでもいい。美しさなんてどうだっていい。素材の力がすべてさ。エコ建築家って呼んでほしくないね。たった一つ大切だと思っていることは、その土地をリスペクトすることさ」とエドゥワード・フランソワは断言する。

10 世界遺産パドカレ炭鉱盆地

ルーブル美術館別館：炭鉱の竪坑

フランスの北、ベルギーに近いパドカレ地区にある、ランスの炭鉱跡地にルーブル美術館分館ができた。その開館は二〇一二年十二月四日。それは建築家、消防夫、鉱夫などの守護聖人である聖バルバラ（Saint-Barbe）の記念日だった（写真1）。

ルーブル美術館の候補地は七カ所あった。ランスが選ばれたのは、一九八〇年に炭鉱が閉山。この街の労働人口の二〇％が失業者となり、住環境も最悪だったからだ。炭鉱は近代国家の立役者であり、これまでの厳しい労働に報いるべき、と政府は判断し、ルーブル美術館別館建設に賛成した。だが決定的だったのは、頻繁におきた炭鉱事故で亡くなった鉱夫の未

写真１　ルーブル美術館別館

亡人三人の働きかけだった。三人を「ルーブルのマンマ」と呼ぶ。例えば一九〇六年のクリエール（Courriere）の落盤事故では一一〇〇人の死者があった。以来、度重なる悲劇はフランス人にとって忘れがたい。こんな犠牲の上になりたった近代化だからこそ、その労に報いる、という意味でのランス美術館計画だった。

それには先例があった。スペインのビルバオにグッケンハイム美術館が開館したのは一九九七年。チタンを表面に貼った異様な形の建築とアートが年間一〇〇万人の入場者（約五〇%が外国人）を集めた。一九世紀後半から船舶製造と鉄鉱石の輸出港として栄えた街だったが、政情不安と鉄鋼プラントの閉鎖がかさなり、ビルバオは一九七〇年代に産業の基盤を失い寂れた。だがここに建ったグッケンハイム分館が観光客を呼び救世主となり、ビルバオ効果とさえ呼ばれた。これがきっかけで世界各地の産業遺産をかかえる地方自治体は美術館誘致に望みをかけ、フランスも例外ではなかったのだ。

この炭鉱地区が息を吹き返すシンボルとなった美術館の設計は、日本の建築事務所、建築ユニットSANAA（妹島和世＋西沢立衛）。霧がたなびくように優雅で、遠くからそこに建物があるとは思わせない、ビルバオとは正反対のデザインだ。目立たず、丘の緑に生える草木に寄り添う姿をみせる環境との調和は見事だ。地域住民が心のよりどころにするのは当然だろう。

美術館は、二〇一四年一月に入館者一〇〇万人目を迎え、まさにビルバオ効果がフランスのランスでも証明された。もちろんルーブル美術館の名品が観客動員の原点にあるのも確かだ。その敷地は旧炭鉱の九号竪坑跡にある。一八八六年から一九八〇年まで石炭を掘り続けてきたこの竪坑は、丘の上にあり、周りの景色を見渡せるさわやかな場でもある。

だがルーブル美術館分館建設計画が先行したわけではなかった。この計画は近代化に後れ、失業者にあえぐパドカレ炭鉱盆地全体を、まず鉱山二百六十年間の歴史を保護し、歴史遺産と認定し、さらにユネスコ世界文化遺産として登録し、地域の再生をはかる地道な努力から始まった。様々なハードルを越えて活動が実ったのは十年後の二〇一二年六月三十日、美術館開館の半年前だった。

炭鉱盆地を遺跡に

パドカレ炭鉱盆地とはヨーロッパの西の端にある鉱脈の一部であり、全長一二〇キロ、幅一二キロ、深さ一・二キロメートル（石炭のある地層）、面積四〇〇ヘクタールという広大な炭鉱だ。鉱脈はイギリスからベルギーのワロン地区（ゴッホが伝道師として働き鉱夫のデッサン〈zola germinal〉を残している）を通り、フランス北部、そしてドイツにと続く。パドカレ地方のバレンシエン（Valenciennes）、ドウアイ（Douai）、レン（Lens）、ベテュヌ（Béthune）の四都市にまたがる鉱脈だ。

平坦な農地の地下に石炭層がみつかり、採掘が始まったのが二百六十年前だった。フランスに産業革命がおこった一八世紀後半から一九世紀に一〇〇を超える炭鉱施設ができ、フランスが必要とする石炭消費量の四分の三を掘り出し、七〇〇の新しい町が誕生し、一二万軒の社宅が建ち並んだ地帯だ。

そのほぼ全てにあたる一〇九の遺跡、一三の炭鉱三五三カ所が世界遺産に登録された。といってもペイザジストという景観専門家と建築家がチームを組んで、炭鉱施設、住宅などの点と点をレース文様のように結び、広大な地域を一つの公園に紡ぐ計画をたてた。まだ完成にはほど遠いが手入れがゆきとどいた鉱山関連の建物、施設、そしてなによりも鉱夫の住宅群には驚かされる。炭鉱は静まったままだが、住民の姿がある。この過疎地に元植民地からの移民が移り住みはじめた。

快適が炭鉱住宅の戦略

どの国でも似たり寄ったりだろうが、炭鉱住宅のイメージは暗い。ところがフランスの炭鉱住宅には特殊な事情があって贅沢さがめだつ。その理由は遅れてやってきたフランスの産業革命に必需のコークスを生産し、鉄工業を起こすには鉱夫を大量に農村から移住させる必要があった。労働人口を呼び寄せるための戦略が、農村にはなかった清潔で独立した寝室とリビングがある住宅だった。この作戦は成功し、一九世紀末には農村地帯から炭鉱に八万五〇〇〇人の労働者が定住した（写真2）。

だが第一次世界大戦で失われてしまった若い男性労働人口を補うために海外からの移民に頼ることになった。それまでより大きな戸建の住宅を提案し、ポーランドからやってきた九万人を中心にイタリア、スペイン、のべ二九カ国から二二万人の労働者をパドカレ地帯に集めることに成功した。フランスの炭鉱は国際色豊かだったが、なかでも主要な人口を占めていたポーランド人のために教会を建て、学校、病院などを造ってコミュニテーをつくり彼らの定着をはかった。リクルートのためのショールームだった庭つき一戸建て住宅の庭は、野菜を栽培するポタジェーだった。とはいえ社宅の景観をすばらしく見せるために庭の手入は厳しく監督された、という。最盛期には七〇〇の街、住宅戸数一二万戸がこの地帯にひろがった。

パドカレ地方にみる炭鉱住宅（coron, コロンと呼ぶ）は想像できないほど美しく整備されている。しかも個人の経営者によって運営されてきたから、それぞれがどれだけすばらしい経営者か、どれだけ働き心地がいいか、を住宅の形にして競い合った。石材がとれない地方だから、ほとんどがレンガ造りだ。労働者向けに、庭付き戸建て、二軒つなぎ。四軒ひとかたまり、一二戸一列、一二戸二列の背中合わせ、六戸が背中合わせで一単位となり、それを二〇単位ならべる、など様々な組み合わせの住宅群ができた。技術者の住宅は飛び抜けて立派だが、社長の邸宅は城と言ってもいいほど豪華だ。労働階級、中間階級、資本家―社長、と階級ごとの見せ場がそれぞれの建物に反映されるのもこの産業遺産地区のみどころだ。

この労働者住宅は一八六一年のパリ万博に清潔で快適な住宅のモデルとして出品されたほど、フランスの自慢だった。

とはいえ、社会学的な見地からすれば、一列に道路に沿って並んだ住宅のデザインは、労働者をどのように管理するかに対する解答だった。教会や学校、託児所、病院など福祉的な設備が見えるのは、初期のフランス人労働者とカトリック系の移民増加にともなう宗教的な理想の反映だった。つまり住むだけではない。品行と礼儀正しい人間養成という目的をもったのは、ヨーロッパに浸透した社会主義的な運動を反映した結果でもあった。なぜなら、この炭鉱のコミュニティーがフランスのマルクス主義労働組合運動の拠点となっていったからだ。ゾラの「ジェルミナール」はこの炭鉱の鉱夫とその労働運動を克明に描いた小説だ。

フランス風ぼた山緑化

ルーブル美術館別館のあるランスには二〇近くの竪坑がある。その竪坑ごとに数百個の住宅群があり、教会、学校、診療所などの福祉施設がみえ、一部は今でも現役だ。いま、ぼた山に遊歩道をつくり、竪坑の巻き上げ櫓（タワー）を研究センターとし、炭鉱見学案内所をつくり、劇場などの文化センターとして機能しはじめた（写真3）。

写真２　炭鉱住宅

案内所でガイドをつとめるのは、父親が炭坑夫だった、という青年。生まれ育った炭鉱の地で誇らしげに父親の仕事と石炭の仕分けをしていた祖母の姿を熱っぽく語る。ぼた山こそ彼らが育ってきた故郷の山。その模型を前に、ぼた山を散策の場にする企画は進行中だが、ドイツの方法とは違う、という。

ドイツのルール地方、例えばクナッペンぼた山では早期から緑化がはじまった。そのために灰色のぼた山の表面に土をもり、二五万本もの柳を植え、またたくまにぼた山は緑になった。だがフランスではその方法はとらない。自然が運んでくる種子が定着し、低い灌木がはえるのを待つ。時間はかかるがその方が自然の回復という意味で完成度が高くなるからだ、という。

案内の青年はぼた山の模型をしめしながら、「山は東西南北で植物の生育がちがいます。

写真３　パドカレ炭鉱遺跡見学事務所

常識では南側の太陽光線が沢山あたる面のほうが植物は早く育つのですが、ぼた山では西面が一番生育に適しています。理由は、石炭とそれ以外の鉱石を機械で選り分ける前には、女性が石炭を選り分けていました。質の悪い石炭がまだ混じっているものをボタ山に捨てていたのです。ですから、積み上がった状態になってもその黒い石炭は太陽光の熱を吸収し、光が一番良くあたる南面は表面の温度が高くなって植物の生育には当分向かないのです。ですから、西、東、北、南の順に緑化されるでしょう、と語る。

ランスには一八八六年から一九八〇年まで稼働していた一一号から一九号のぼた山があり、その面積は九〇ヘクタール、高いものでは高さが一四〇メートルもある。地面から立ち上がるボタ山の姿は、富士山ではないか、と目を疑うこともあるほど美しい。

自然が工業都市をむしばむ、逆転の発想

最初に炭鉱がユネスコ世界遺産に登録されたのはドイツのルール地方だった。ツオルフエライン炭鉱遺産群にはバウハウスの影響を受けた建築家が設計した採掘坑がいまレッド・ドット・デザイン・ミュージアム（Red Dot Design Museum）として利用され、自動車、家具、家電製品などが展示されている。見学者が多いのは二〇〇一年のユネスコ世界遺産に認定されたからだ。この認定に触発され一九八〇年代に閉山となったヨーロッパの炭鉱跡の多くが

写真４　パドカレぼた山

文化遺跡として認識されはじめた。

二〇一二年、フランスのパドカレ地方と同時に、隣のベルギーのワロン地方の炭鉱跡もまたユネスコ世界遺産認定となった。観光という目前にせまった経済効果を狙ったものだ。ところがヨーロッパには、ドイツを中心に目前の経済効果をねらわず、もっと興味深い思想が流れはじめている。それは、工業化は山林や水路を消した。その変形あるいは消された自然をどのように取り戻すか、に焦点を絞っている運動だ。工場などの建物は全てを残さなくてもいい。大半は朽ち果てるにまかせてもいい。自然をゆっくりと「野生化」するにまかせ、自然と建築の新たな共存のありかたをさがそうという運動だ。

百年かけて工業は自然を破壊した。だからその破壊された場にサービス（遊び、アート、美しいこと）にむかう産業をおこして、すこしずつ同じ百年をかけて自然を取り戻して行くことが肝心、と考える運動だ。工業都市が自然を蝕んだのであれば、今度は自然が工業都市を蝕めばいい。工業化時代の記憶を残すには一部の建物と機械をのこすだけで充分だ。それが経済的に有利な方法だ。

加熱した工業化時代の姿は、いまや歴史を尊重しながら工業化時代を逆転させつつある。その逆転は市街地の減築デザインから始まるだろう。

11

廃墟から名所へ「プール美術館」

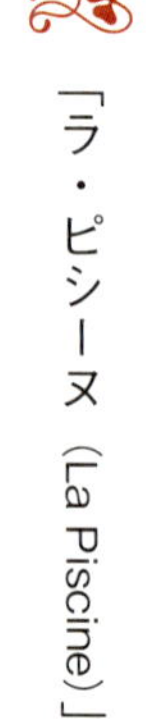

「ラ・ピシーヌ（La Piscine）」

「プール」という不思議な名前の美術館がある。もちろん水泳をする施設のプールのことだ。美術館はベルギーとの国境リールの北東一二キロにあるルーベ（Roubaix）にあり、町の誇りでありシンボルでもある。

ルーブル別館がランスに開館する十一年前の二〇〇一年にオープンした。寂れゆくかつての工業地方都市再生が生んだ美術館だった。中世の僧院の庭を模した緑の空間を囲んで施設はひろがる。とはいえ、プールを美術館に、という意表をつく構想にゴーサインをだす勇気が、この街にあったことこそ評価すべきだろう。

ルーベはフランスのマンチェスター（イギリスの産業革命当時に綿織物の中心地だった）という異名さえあったほど、いやマンチェスターをしのぐほどで、一九世紀にはウール織物産業の頂点にあった町だった。といってもルーベは、原料である羊毛をイギリスから購入し、毛を梳き、糸にして染色、そして織る、という加工工場が数多くあった街だ。数家族の資本家とその工場で働く労働者で構成されていた産業都市だった。突然、繊維産業が生まれたわけではない。イギリスの羊毛がオランダ、ベルギーに輸出され、そこで繊維産業が起こり、ベルギーに近いフランスのルーベも同様に繊維産業が盛んになった。

繊維産業のおかげで財政的に豊かだったルーベ市長は、フランスで一番美しいプールを建設するように建築家アルベルト・バエールに依頼した。住民への健康サービスのためだった。オリンピック競技と同じ五〇メートルプールをつくってスポーツ振興をはかっただけではなく、同時に清潔が大切、あるいは健康な身体には健康な精神が宿る、といった当時の社会主義的な時代を反映してプールに公衆浴場をつけた。まだ一般庶民の住宅に風呂はなかったからだ。しかも、美容院、マニキュア、蒸気の風呂、個室の小さな風呂、クリーニング店さえそろい、至れり尽くせりの施設は一九八五年まで運営されたが、老朽化が進み安全のために閉鎖された。

建設当初プールの評判があまりにも高く、建築家はプールさん、とあだ名で呼ばれたほどだったという。それは一九二〇年代。アールデコがもてはやされた時代そのままに、プールにはセラミック・タイルのモザイクを貼りめぐらせ、セラミックのブロックで飾った門をつくり、大きな日の出と日の入りの鮮やかな色彩のモザイクガラスをプールの両端につけて、人々の眼をうばった。競泳者が水からあがると、セラミックでできた凱旋門で迎えられる、というしかけだった（写真1）。

アールデコといっても、この時代はヨーロッパ諸国が地中海やアジア、アフリカに植民地をもち、エキゾチックなことがもてはやされた時代でもある。だからプールの正面玄関はアラブ風装飾がついている。

一九八五年から五年間放置された後、一九九〇年にルーベ市は美術館構想を立ち上げた。国際コンペの結果、パリのオルセー美術館で選ばれたイタリア人建築家のガエ・アウレンティの助手だったジャンポール・フィリポンの案が採用され、二〇〇一年開館となる。だから、このプールの改修にはかつてオルセー駅だった駅舎の構造をそのまま残しながら美術館にした手法とよく似た構造になっていることに気付く。

水がテーマ

水面に作品を並べたのではないか、と思わせる演出が意表をつく。市民は、プールの両端にある彫刻、海の神ネプチューンの口からあふれる水音をバックミュージックに聞きながら、

写真１　プール、セラミックの門

水の両端にならぶ一九世紀フランスのアカデミックな彫刻と大型の壷を眺める。というのはプールの水があったスペースの両端を木材の歩道にして中央部分だけ水を残し、歩道の一部にしつらえた壇上に作品を並べてあるからだ。とはいえギリシャ・ローマに影響を受け、大理石でできた一九世紀末の人物彫刻の足がもしかしたら水に濡れるのではないか、と思わせる演出は、ルーブル美術館では感じられないスリルに満ちている。建築家フィリポンはイタリア人。もしかしたらローマ郊外にあるハドリアヌス邸別荘の池を取り囲む彫刻の群れが、彼のイメージの根底にあったのかもしれない。

プールの両サイド水面下に淡い青の光線が走る。彫刻を照らす照明ではない。光は水の存在そのものをインスタレーションとして際立たせる効果を狙った。ステンドグラスから外光を、プール水面下で人工照明を、この光のバランスが並ぶ彫刻に奥行きをあたえる。

プールの水面を取り巻いている三階の回廊にあった着替え室は、エジプトから二〇世紀までのテキスタイルのサンプルと参考資料の展示、二階回廊のシャワールームが工芸品の展示スペースになった。絵画に湿気は禁物。だから絵画の展示はプール横にある別館で。ここは美術館にちがいないが、プールは水をテーマに展開する空間となって現代に蘇った（写真2）。

写真２　プール・展示空間

テキスタイル産業遺産

この美術館（展示面積七〇〇〇平方メートル）の基本的な収蔵品は、繊維産業で財をなした街が一八三五年に開校したテキスタイル専門学校が所有する一九世紀から近代までの彫刻、絵画、工芸品。そしてルーベ市所有のコレクションだ。一世紀ちかくも顧みられることはなかったこの作品群があったからこそルーベに美術館構想ができた。

初年度の入館者数は二〇万人だった。講演、五感で散策するワークショップ、ルーブル学校、御当地グルメのレストラン、などの多様な企画で入館者をいざなうのは、どの美術館でも同じだが、プール近くにあった元工場を改築した職人のショップも魅力の一つだ。

一九七〇年ころからルーベの繊維産業が衰退しはじめたのは、新たに開発された化学繊維に転換できなかったからだった。新しい機械を取り入れ生産の効率に取り組む意欲に乏しかった。しかもアジアの勢いに追いつけなかった。一九七五年から次々と工場は閉鎖され、織機はアジア諸国に売られていった。一九七〇年代の労働者数は約一万人だったが、二〇〇〇年に工場は全て閉鎖され、ほとんどの従業員、つまり一万人の失業者が街にあふれた。

といっても、繊維産業すべてが無くなったわけではない。この街が生んだ国際的に活躍するファッション・ブランド、レ・トロワ・スイス（Les 3 Suisses）、ラ・ルドゥート（La

写真３　ルーベ（Roubaix）　モット・ブスト社工場跡地

Redoute）など、フランスを代表するファッションのネット販売会社は、ルーベで設立され、カマイユ（Camaïeu）本社もルーベにある。

この地域で最大だったのは、モット・ブスト（société Motte-Bossut）社だった。現在、国立労働世界文献センター（Centre des Archives nationales du monde du travail）となっているが、かつての工場は、まるで城の外壁にも似た装飾のある煙突が正面についている（写真3）。工場の建築を豪華に見せることが、豊かさの証明であり、なお市民に歓迎されたからだった。しかも工場主一家が住んだ屋敷はいまでも城のような姿だ。当時、建造物は資本家の富だけではなく文化度を映す鏡でもあった。

このプールと共に育った市民はまだ健在。地元の子供だったら、だれもが水と戯れた思い出がある場所だった。だから廃墟のままでは済まされなかった。館内を見学していると時たま美術品の後ろから子供の歓声がきこえ、驚いてふりかえっても子供の姿はない。歓声は閉館前に録音してあった子供達の遊び声だった。それをバックミュージックのように流す、しゃれた演出の美術館なのだ。

産業の衰退が新しい力を生むこともある。観光施設、そして地域経済振興の足がかりを築いたことが評価され「観光と転用施設」をテーマにした二〇一一年度のエデン賞に輝いた。とはいえ、いまメセナと市民組織が美術館を支えているが、ルーベはいまだにフランスの一番貧しい町の一つであることにかわりはない。

あとがき

信じがたいほど美しい景色の長屋ができ、セーヌ河川敷が砂浜になり、国鉄の古い建物がユースホステルに変身し、観光の中心に隠れ庭が生まれた。パリの行政は市民に美しさと快適さを提供した。貧しい子供にささげる公園、庭祭り、セーヌ川氾濫を予想した公園，街路樹はマイクロチップで健康管理など、パリは華々しさの背後で、災害を事前に防ぐための企画に満ちる。政策福祉と減災のデザインが両輪のように廻り、その優れた手腕を書いてみた。だがホットする暇もなくテロに打ちのめされ、急遽「はじめに」で惨敗した五十年間のパリ集合住宅政策を加筆した。

どれほど素晴らしい建築でも、都市計画が最悪だったら惨めになる、とフィリップ・トレティアックは評論集『建築家の首に縄をかけたら？』（スイユ社、二〇一一年）で語る。フランスで活躍したあらゆる建築家と建築コンペ、権力を批判する著者は、コルビュジエが提案した住と労の分離、都心から隔離された「住」がシテ（cité）とバンリュー（郊外）を生んだと語る。テロの温床となったパリ、サンドニ地区「シテ４０００」の四〇〇〇戸は次々と解体され、二〇一六年に最後の一棟が解体を待つ。低予算コンクリート・プレハブ住宅で、購入したばかりの家電製品に囲まれながら住民は暖房用の電気代が払えなかった。美しくシンプルで機能的なモダン建築とモダン・デザインは市民（移民）を幸せにするどころか、差別を際立たせ、暴力を生んだ。デザインに何ができるかを問いなおすのは今だ。

パリの長屋、エデン・ビオの取材から七年。状況は変化した。それを補っておかねばならない。郊外団地に足を運ばないほうがいい。パリプラージュは七月半ばから八月二〇日ころまで。ベルジュ・ド・セーヌの冬は寂しく、ネットで催しを事前チェック。発電所ユースホステルの「雫」は二〇一五年から難民支援事務局となり、前庭に多くの難民を保護した。子供用でない美術館の公園の扉は引いて入るデザインもある。エデン・ビオ見学は事前に市の担当に連絡、あるいは入り口で住民を待つこと。

緑風出版の高須さんのご支援で本書が生まれました。こころから御礼を申し上げます。そして取材につきあってくれた三人の友にも感謝します。

À Jean-Pierre Lachaud
À Dany et Pierre Fagot

二〇一六年五月　東京にて　竹原あき子

[著者略歴]

竹原あき子（たけはら　あきこ）

1940年静岡県浜松市笠井町生まれ。工業デザイナー。1964年千葉大学工学部工業意匠学科卒業。1964年キャノンカメラ株式会社デザイン課勤務。1968年フランス政府給費留学生として渡仏。1968年フランス、Ecole nationale superieure des Arts Décoratifs。1969年パリ、Thecnesデザイン事務所勤務。1970年フランス、パリ Institut d'Environnement。1972年フランス、Ecole Praique des Hautes Etudes。1973年武蔵野美術大学基礎デザイン学科でデザイン論を担当。1975年から2010年度まで和光大学・芸術学科でプロダクトデザイン、デザイン史、現代デザインの潮流、エコデザイン、衣裳論を担当。現在：和光大学名誉教授、長岡造形大学、愛知芸術大学、非常勤講師。

著作：『立ち止まってデザイン』（鹿島出版会、1986年）、『ハイテク時代のデザイン』（鹿島出版会、1989年）、『環境先進企業』（日本経済新聞社、1991年）、『魅せられてプラスチック』（光人社、1994年）、『ソニア・ドローネ』（彩樹社、1995年）、『パリの職人』（光人社、2001年）、『眼を磨け』（平凡社、監修2002年）、『縞のミステリー』（光人社2011年）、『そうだ旅にでよう』（2011年）『原発大国とモナリザ』（緑風出版、2013年）、『街かどで見つけた、デザイン・シンキング』（日経ＢＰ社、2015年）、『パリ、サンルイ島―石の夢』（合同出版、2015年）
翻訳：『シミュラークルとシミュレーション』（ジャン・ボードリヤール著、法政大学出版局、1984年）、『宿命の戦略』（ジャン・ボードリヤール著、法政大学出版局、1990年）、『louisiana manifesto』（ジャン・ヌーヴェル著、Jean Nouvel、Louisiana Museum of Modern Art、2008年）共著：『現代デザイン事典』（環境、エコマテリアル担当、平凡社、1993年～2010年）、『日本デザイン史』（美術出版社、2004年）

パリ・エコと減災（げんさい）の街（まち）

2016年6月20日　初版第1刷発行　　定価2500円＋税

著　者　竹原あき子 ©
発行者　高須次郎
発行所　緑風出版
〒113-0033　東京都文京区本郷2-17-5　ツイン壱岐坂
［電話］03-3812-9420　［FAX］03-3812-7262［郵便振替］00100-9-30776
［E-mail］info@ryokufu.com［URL］http://www.ryokufu.com/

装　幀　斎藤あかね
制　作　R企画　　印　刷　中央精版印刷・巣鴨美術印刷
製　本　中央精版印刷　　用　紙　大宝紙業・中央精版印刷　　E1000

ISBN978-4-8461-1609-5　C0036